Optik

(O) Optik

Countdown aus Klasse 7

O -10: Hier siehst Du den Grundriss eines Ausstellungsraumes. Man betritt ihn, wie es der Pfeil zeigt, und hat zunächst optimalen Blick auf zwei gebogene Plakatwände (dicke Linien), die von zwei Lampen (⊗) angestrahlt werden. Im Raum hinter den undurchsichtigen Plakatwänden stehen einige Exponate (Buchstaben). Konstruiere die Schattenräume hinter den Plakatwänden! Gib für jedes Exponat an, von wie vielen Lampen es angestrahlt wird! Die Exponate selbst werfen keine Schatten aufeinander.

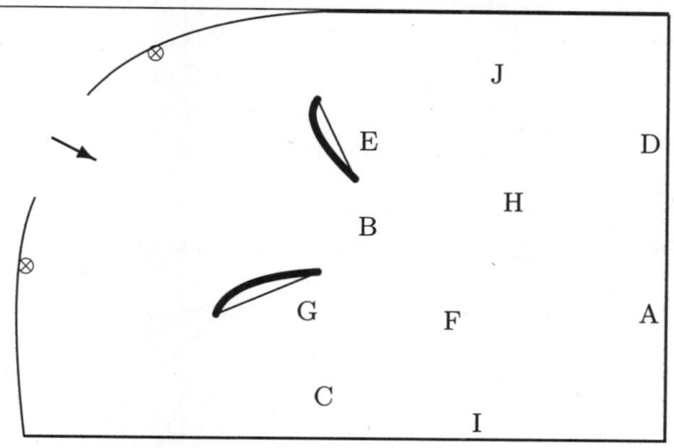

Z **O -9:**

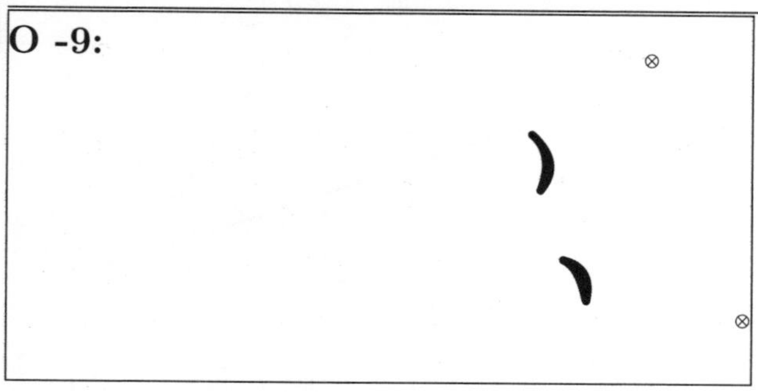

Wie in Aufgabe O-10: Ein Raum mit zwei Plakatwänden und zwei punktförmigen Lampen, die in alle Richtungen strahlen. Konstruiere alle Schattenräume! Färbe Halb- und Kernschattenräume in verschiedenen Farben! Alternativ zur Färbung kannst Du auch in jedes konstruierte Feld die Anzahl der Lampen schreiben, deren Licht dieses Feld durchstrahlt.

★ **O -8:** Im Licht einer Kerze wirft ein Buch einen Schatten auf eine Wand. Das Buch ist $b = 22\,\text{cm}$ hoch und wird in $a = 40\,\text{cm}$ Abstand von der Kerze gehalten. Die Wand befindet sich $w = 1{,}40\,\text{m}$ von der Kerze entfernt.

a) Wie hoch ist der Schatten auf der Wand?

b) Auf welchen Wert müsste man a verändern, damit der Schatten einen Meter hoch wird?

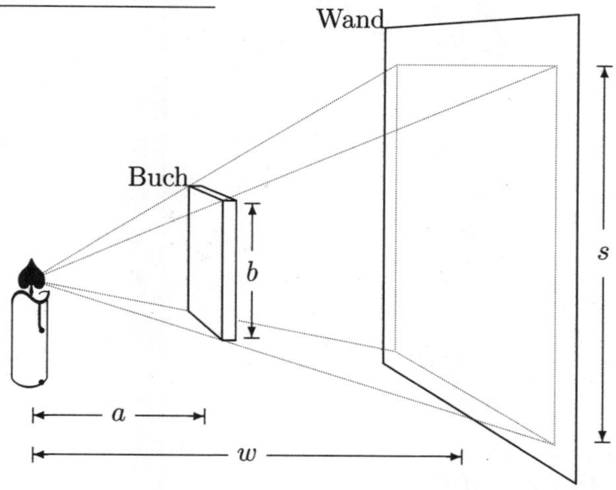

O -7: Licht breitet sich im Vakuum etwa $300\,000\,\frac{\text{km}}{\text{s}}$ schnell aus.

a) Wie lange braucht es von der 150 000 000 km weit entfernten Sonne bis zu uns?

b) Wie weit kommt es in einer Schulstunde?

Z **O -6:** Hier geht es um eine Lochkamera mit 3 kleinen Leuchtdioden A, B und C davor. Zunächst sei das Loch der Kamera winzig („unendlich“) klein, dargestellt durch das Kringelchen ∘ in der Mitte der Vorderwand.

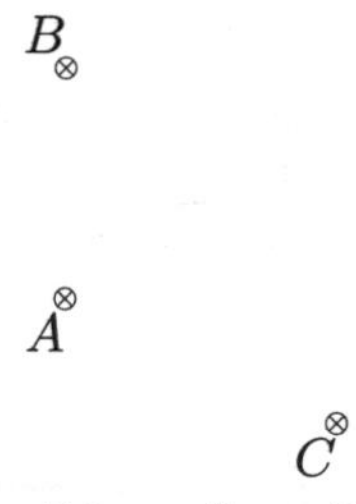

a) Konstruiere in verschiedenen Farben die Bildpunkte der Leuchtdioden!

b) Vergleiche die Länge der Strecke $\overline{AB}$ mit der Länge ihres Bildes!

c) Nun wird das Loch vergrößert: Denke Dir das Kringelchen und die dünnen Linien daran weg. Konstruiere, welche Bereiche der Rückwand von welcher Leuchtdiode angestrahlt werden! Für welche Leuchtdiode ist der Effekt am stärksten?

★★

O -5: In einem Aufbau wie in Aufgabe O-6 liegen A und B jeweils 50 mm von der Vorderseite der Kamera entfernt und 16 mm voneinander. Die Kamera sei nur 30 mm lang. Wie groß müsste ihr Loch sein, damit sich die von A und B beleuchteten Flecken auf der Rückwand überlappen?

O -4: Ein $G = 50\,\text{cm}$ großer Gegenstand steht $g = 3\,\text{m}$ weit entfernt vor einer Lochkamera. Welche Größe B hat das Bild, wenn die Lochkamera $b = 60\,\text{cm}$ lang ist?

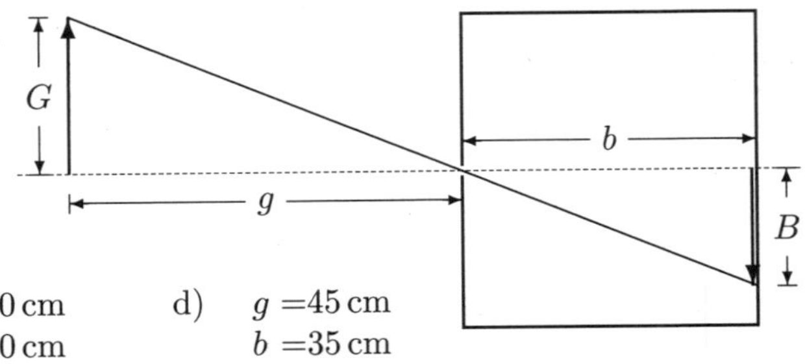

O -3: Bestimme die fehlende Abmessung!

a)	b)	c)	d)
$G=$ 48 cm	$G=$ 20 cm	$G=$80 cm	g =45 cm
g =120 cm	$g=$ 0,7 m	b =70 cm	b =35 cm
$B=$ 12 cm	b =140 mm	B=14 cm	B=21 cm

Z **O -2:** Konstruiere zu jedem vorgegebenen Lichtstrahl den reflektierten Strahl, sowie dessen rückwärtige Verlängerung!

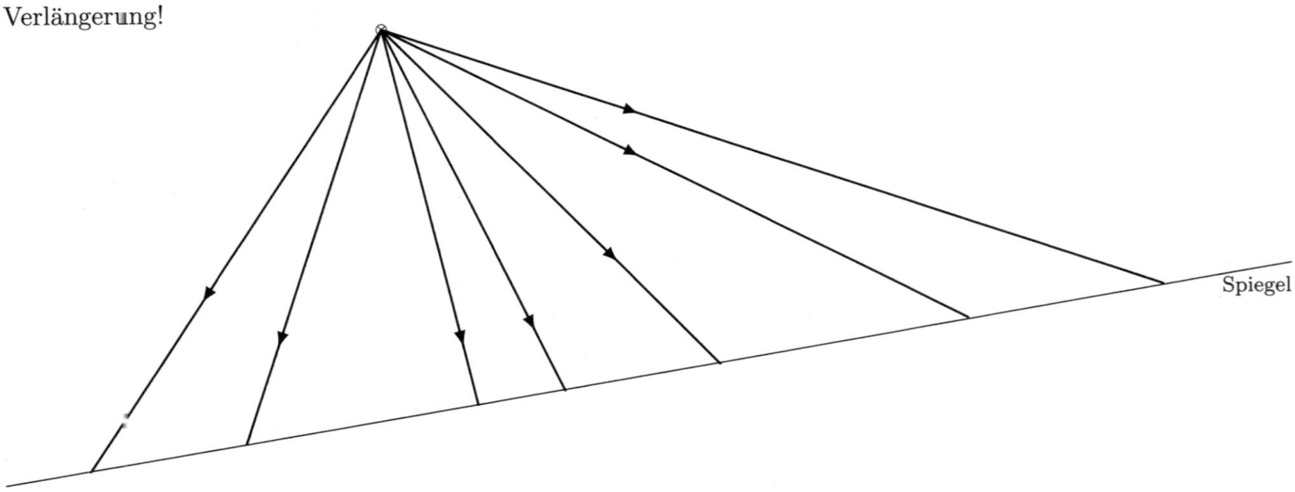

★

O -1: SÜS!

Schatten Über Spiegel

Die beiden Bilder zeigen jeweils (D)ecke, (W)and und (B)oden eines Badezimmers. Die Wand ist voll verspiegelt. Es gibt eine Lampe (⊗) an der Decke. Der dicke Strich stellt einen undurchsichtigen Körper wie z.B. eine Holzplatte dar. Konstruiere alle Kern- und Halb-Schattenräume über dem Boden!

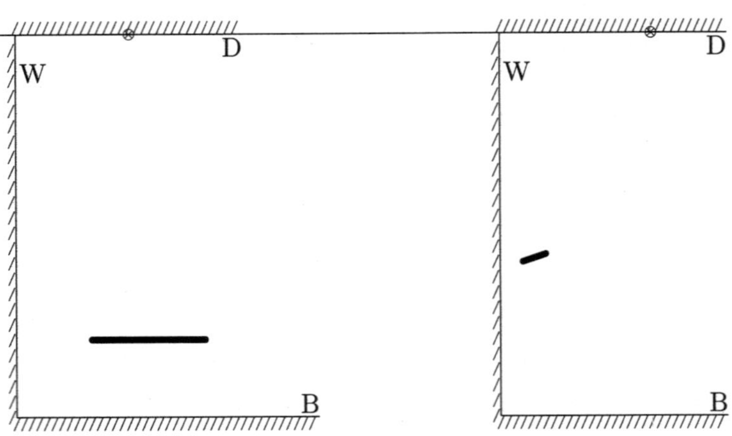

Z **O 0:** Kontruiere die beiden Strahlverläufe, über die der Beobachter B vom Meerschweinchen Esmeralda den Popo (P) und das Näschen (N) sieht!

Brechung

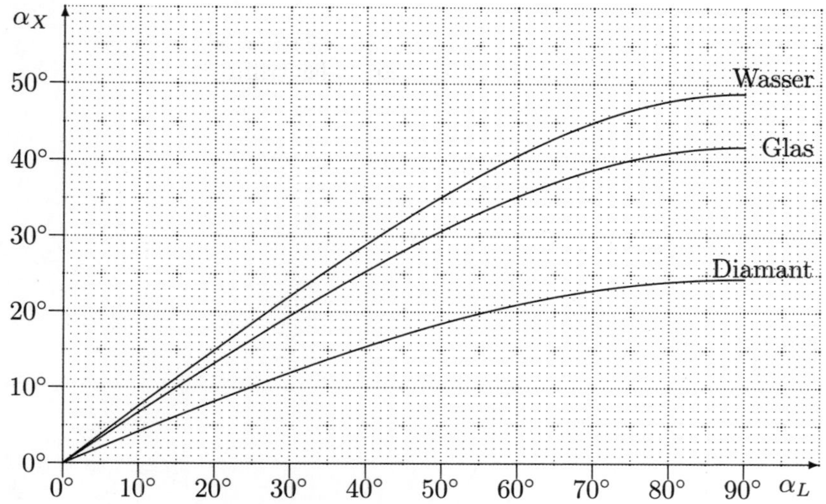

Bei der Brechung an der Grenzfläche Luft-X gehört zum Winkel α_L in Luft der Winkel α_X im Medium X. Wenn nicht anders gesagt sind Winkelangaben immer auf das Einfallslot bezogen.

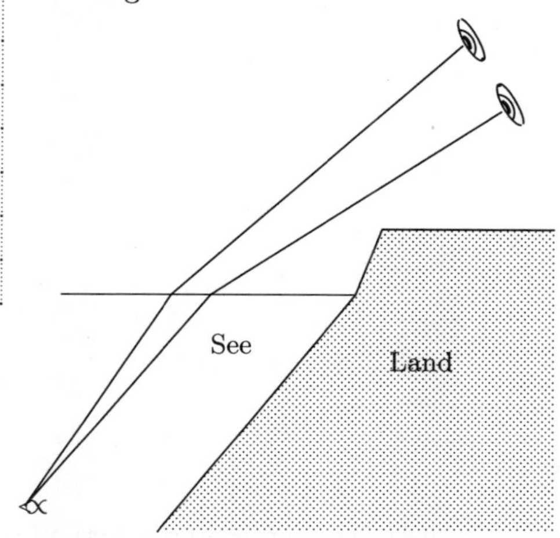

O 2: Ein Fischerei-Problem: Diese Skizze zeigt Lichtstrahlen, die von einem Fisch in einem See zu den Augen eines Beobachters (mit seitlich geneigtem Kopf) am Ufer verlaufen. Wo scheint aus Sicht des Beobachters der Fisch zu stehen?

★

O 3: Du stehst am Beckenrand eines Schwimmbeckens mit ganz ruhiger Wasseroberfläche und siehst, dass am Boden des Beckens ein kleines Schmuckstück liegt. Um es Deinem Freund zu zeigen, willst Du es mit einem Laserpointer anstrahlen. Richtest Du den Laserpointer dorthin, wo Du das Schmuckstück siehst, oder höher oder tiefer? Begründe Deine Antwort!

O 4: Ableseübungen für Anfänger

a) Unter welchem Winkel verläuft ein Lichtstrahl in Glas, wenn er unter 75° aus Luft gekommen ist?

b) Bei welchem Einfallswinkel aus Luft verläuft ein Strahl in Wasser unter einem Brechungswinkel von 40°?

★

O 6: Ableseübungen für Fortgeschrittene

a) Um wie viel Grad ändert sich der Brechungswinkel eines Lichtstrahls in Glas, wenn sein Einfallswinkel in Luft von 10° auf 20° erhöht wird?

b) Um wie viel Grad ändert sich der Brechungswinkel eines Lichtstrahls in Luft, wenn sein Einfallswinkel in Diamant von 10° auf 20° erhöht wird?

c) Um wie viel Grad ändert ein Strahl seine Richtung, wenn er unter einem Einfallswinkel von 60° von Luft in Wasser einfällt?

★★

O 8: Ableseübungen für Profis

a) Ein Strahl trifft unter 40° von Luft auf Wasser. Welchen Winkel bildet der gebrochene mit dem reflektierten Strahl?

b) Bei welchem Einfallswinkel in Luft ändert ein Lichtstrahl beim Eintritt in Wasser seine Richtung um 10°?

c) Unter welchem Winkel muss ein Lichtstrahl von Luft auf Wasser auftreffen, damit reflektierter und gebrochener Strahl senkrecht aufeinander stehen? („Brewster-Winkel“)

Z **O 10:** Konstruiere in verschiedenen Farben die Verläufe von Lichtstrahlen, die mit den Einfallswinkeln 0°, 15°, 30°, 45°, 60°, 75° bzw. 89° aus der Luft auf eine Wasseroberfläche treffen!

★

O 12: Konstruiere den Verlauf eines Lichtstrahles, der mit einem Einfallswinkel von 50° (70°, 30°) auf eine 5 cm dicke Glasscheibe trifft! Vergleiche den Weg des Strahles hinter der Glasscheibe mit dem Weg, den der Strahl ohne die Glasscheibe durchlaufen würde!

O 14: Vergleiche die optischen Dichten von Glas und Diamant!

★

O 16: Ein Lichtstrahl tritt wie skizziert unter einem recht kleinen Winkel zur Wasseroberfläche aus Luft in Wasser ein. Bestimme den eingezeichneten Winkel unter Wasser!

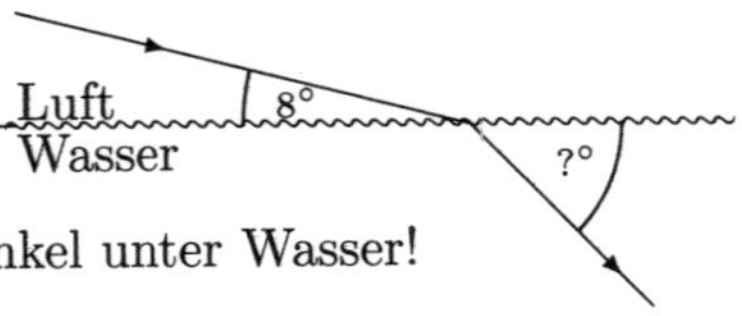

★

O 18: Tritt ein Lichtstrahl schräg aus Wasser in Glas ein, wird er zwar auch gebrochen, aber weniger stark, als wenn er unter sonst gleichen Bedingungen aus Luft in Glas einträte. Begründe dies mit den optischen Dichten von Luft, Wasser und Glas!

★★

O 20: Die folgende Abbildung zeigt einen Lichtstrahl, der auf ein Prisma aus Glas trifft.

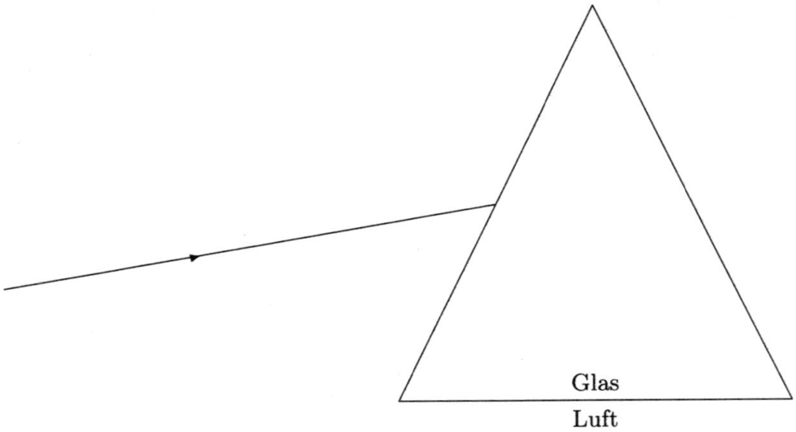

a) Konstruiere den weiteren Verlauf des Lichtstrahles! (ohne reflektierte Anteile)

b) Um welchen Winkel wird der Strahl insgesamt abgelenkt?

c) Mit welchem Einfallswinkel muss man einen Lichtstrahl auf das Prisma richten, damit er unter demselben Winkel aus dem Prisma austritt?

★

O 22: Ein Lichtstrahl trifft auf ein Glasprisma:

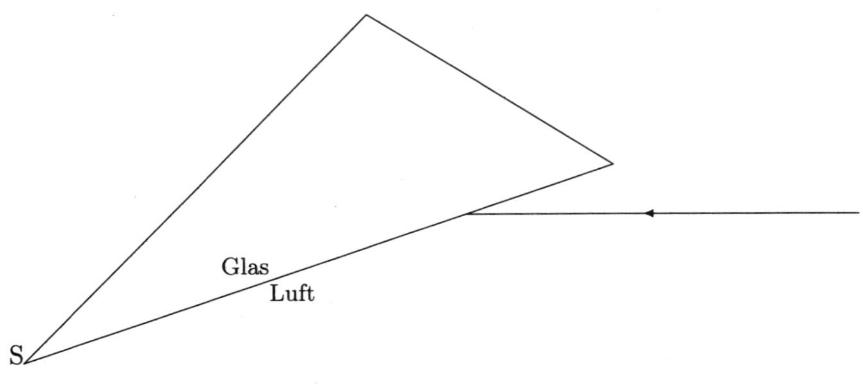

a) Konstruiere den weiteren Verlauf! (ohne reflektierte Anteile)

b) Wie weit ist die Austrittsstelle von der Spitze S entfernt?

★

O 24: Detlef hat den Magier Goliath Kupferfeld für seine Geburtstagsfeier engagiert. Herr Kupferfeld zeigt den Tiefseh-Tassen-Trick: Detlef legt eine kleine Kupfermünze in eine leere Porzellan-Tasse. Die Zuschauer sollen nun so über den Rand der Tasse in die Tasse hinein schauen, dass sie die Münze gerade so nicht sehen können. Mit einem komplizierten Zauberspruch gießt Herr Kupferfeld nun ganz vorsichtig eine durchsichtige Flüssigkeit in die Tasse. Obwohl sich weder Münze noch Zuschauer bewegen, behaupten nun mehrere Zuschauer, die Münze zu sehen! Probiere aus und erkläre!

Z ★★

O 26: Bastelprojekt: Du benötigst ein Plastikröhrchen wie die, in denen oft Vitamin-C-Brausetabletten verkauft werden. Auf der Innenseite des Bodens bringst Du irgendetwas wasserfestes an, z.B. eine kleine Münze, eine Drahtfigur oder ein wasserfest gemaltes Bildchen. Wie hier abgebildet sägst Du – nach Rücksprache mit den Eltern – das Röhrchen in zwei Höhen von gegenüberliegenden Seiten her so bis etwas über die Mitte ein, dass Du einen undurchsichtigen Zwischenboden in den gesägten Schlitz einschieben kannst. Diese Zwischenböden sollten auch wasserfest sein. Es können mit Klebeband überzogene Stücke Pappe sein. Den Schlitz dichtest Du noch mit Flüssigkleber ab. Wegen der Zwischenböden kann man das Objekt am Boden nun nicht mehr sehen. Es sei denn, ...

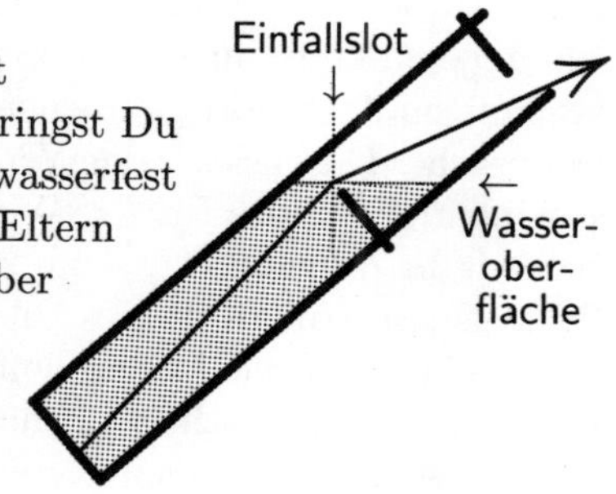

... Erkläre selbst und bastle!

Z ★★

O 28: Noch ein Blick ins Wasser

Dieses Bild zeigt, warum ein aufrecht über dem Wasser (durch Schlängel-Linien dargestellt) stehender Beobachter mit seinen beiden Augen Ⓛ (wie links) und Ⓡ einen Fisch ∘ unter Wasser an einer Position • vertikal oberhalb des Fisches sieht. Vom Fisch gehen die beiden mit Pfeilspitzen eingezeichneten Lichtstrahlen aus, die an der Wasseroberfläche gebrochen werden und in das linke bzw. rechte Auge des Betrachters fallen. Die Brechung ist jeweils durch das Einfallslot und die beteiligten Winkel verdeutlicht. Es liegen jeweils das Einfallslot, der einfallende und der gebrochene Strahl in einer gemeinsamen Ebene, die in diesem Fall wie das Einfallslot vertikal steht und die Wasseroberfläche entlang der gepunktet und teilweise geschlängelt dargestellten Linie schneidet. In diesen beiden Ebenen liegen auch die rückwärtigen Verlängerungen der luftigen Strahlabschnitte. Folglich könen diese sich nur auf der Schnittgeraden der beiden Ebenen schneiden, und das ist die Vertikale durch den Fisch.

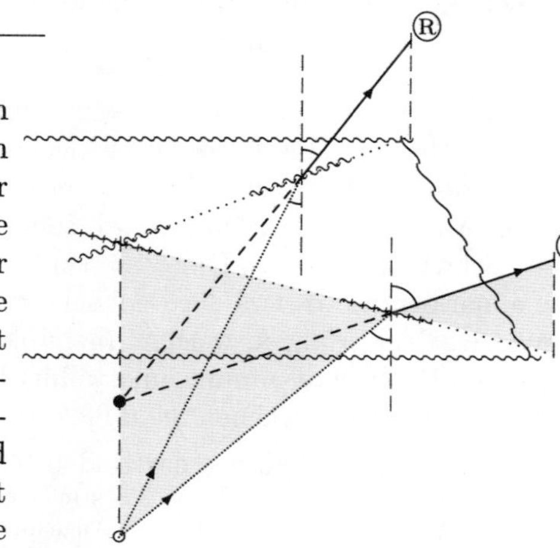

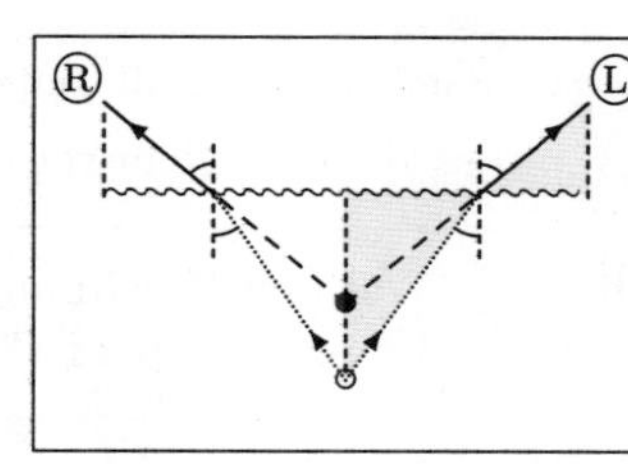

Baue ein räumliches Modell, das diese Zusammenhänge zeigt! Vorschlag: Konstruiere auf einem Blatt Papier (oder Klarsichtfolie) die Figur hier rechts und knicke sie entlang ihrer Symmetrie-Achse. Damit hast Du bereits zum Aufstellen die beiden Ebenen, von denen oben die Rede ist. Fehlt nur noch eine Wasseroberfläche in Höhe der Schlängellinien.

★★

O 29: Vergleiche, was die beiden Aufgaben O2 und O28 darüber aussagen, wo man beim Blick ins Wasser einen Fisch scheinbar stehen sieht! Inwiefern stimmen die Aussagen überein? Worin könnte man einen Widerspruch sehen? Woher kommt dieser Unterschied? (weitere Aufgaben zum selben Thema: O81 und O83)

Z ★★

O 30: Untersuche für die Situationen in den Aufgaben O2 und O28, welchen Einfluss der Augenabstand darauf hat, wo der Beobachter den Fisch sieht!

Brechungsindex

Z

O 78: Das Mineral Korund besteht aus Aluminiumoxid (Al_2O_3). Sofern es nicht durch Beimischungen anderer Stoffe zum Beispiel zu farbigen Edelsteinen wie Rubin oder Saphir „verunreinigt“ ist, kann es durchsichtig mit einem Brechungsindex von etwa 1,76 sein. Erstelle für Korund mit Hilfe der passenden GeoGebra-Konstruktion ein Diagramm wie auf Seite 3!

O 80: Bestimme aus dem Diagramm auf Seite 3 die Brechungsindices der Stoffe!

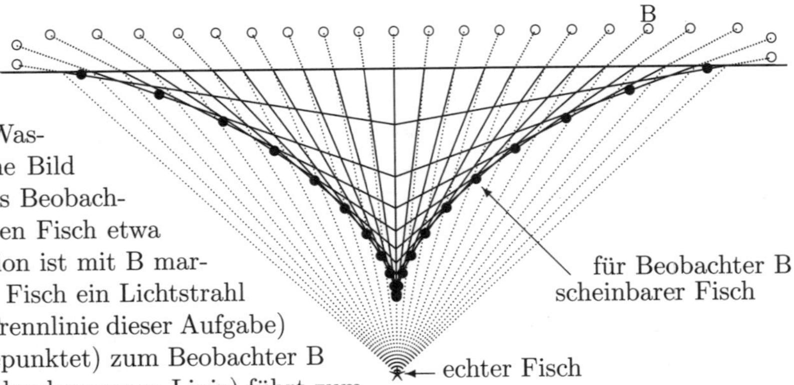

★

O 81: In Aufgabe O2 ging es schon einmal darum, wo man einen Fisch unter Wasser scheinbar stehen sieht. Für das hübsche Bild hier wurde für verschiedene Positionen eines Beobachters (○) ausgerechnet, wo der Beobachter den Fisch etwa sieht. Eine exemplarische Beobachter-Position ist mit B markiert. Du kannst verfolgen, wie vom echten Fisch ein Lichtstrahl (dünn gepunktet) zur Wasseroberfläche (=Trennlinie dieser Aufgabe) verläuft und von dort gebrochen (stärker gepunktet) zum Beobachter B weitergeht. Die rückwärtige Verlängerung (durchgezogene Linie) führt zum scheinbaren Ort des Fischs. Wie weit unter der Wasseroberfläche dieser Ort auf der Verlängerung liegt, ergibt sich wie in Aufgabe O2, wenn man statt eines einzelnen Lichtstrahls die beiden Randstrahlen eines schmalen Bündels konstruiert. Dieses Bild hier wurde für den Grenzfall eines „unendlich" schmalen Bündels berechnet, wie es einem Augenabstand von Null entspricht.

Finde eine rechnerische Beziehung zwischen dem Brechungsindex $\frac{4}{3}$ von Wasser, der echten Tiefe des Fisches und der scheinbaren Tiefe für einen Beobachter, der etwa senkrecht auf's Wasser schaut!

O 82: Ein schweres Flintglas habe einen Brechungsindex von 1,9. Wie schnell ist Licht darin ?

★

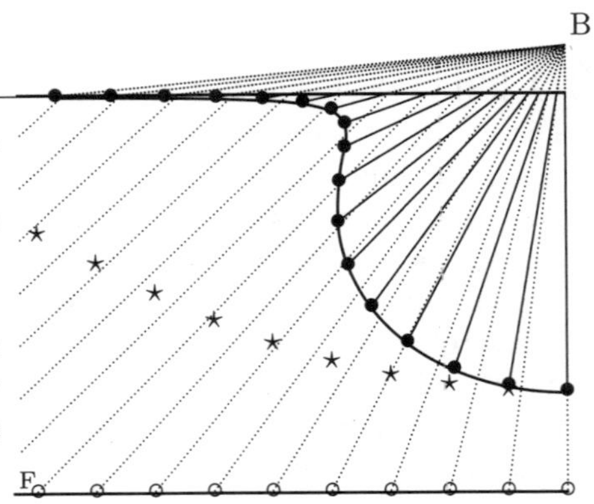

O 83: Noch ein Blick ins Wasser: Während es in Aufgabe O81 darum ging, wo derselbe Fisch von verschiedenen Beobachtern gesehen wird, schaut dieses Mal ein selber Beobachter B (oben rechts im Bild) durch eine ruhige Wasseroberfläche auf verschiedene Stellen des gefliesten Bodens eines Schwimmbeckens. Die ○ stellen Fugen zwischen den Fliesen dar. Die ● markieren, wo etwa der Beobachter diese Fugen scheinbar sieht. Du kannst wieder verfolgen, welchen (gepunkteten) Weg das Licht von einer Fuge zum Beobachter nimmt, und wohin die (durchgezogene) rückwärtige Verlängerung des trockenen Strahlabschnitts führt.

a) Beschreibe verbal, wie der Boden für den Beobachter demnach aussehen müsste!
Seltsam? Ja. Die Seltsamkeit hängt stark mit der ungewöhnlichen vorausgesetzten Kopfhaltung aus O2 zusammen. Außerdem ist wieder der theoretische Grenzfall eines Augenabstands von Null dargestellt. Bei aufrechtem Blick mit beiden Augen dürften die Fugen eher bei den ⋆ gesehen werden. Es gibt hier nicht wie beim Spiegel *den* einen Schnittpunkt aller rückwärtigen Verlängerungen. Und zwischen der geometrischen Konstruktion der Strahlengänge und der bewussten Wahrnehmung des Beobachters liegt auch einiges an unbewusster „Bildaufbereitung" durch das Gehirn.

b) Miss für den Lichtweg von der Fuge F ganz links zum Beobachter B die Winkel unter und über Wasser!

O 84: Welchen Brechnungsindex hat Steinsalz, wenn im Diagramm auf Seite 3 das Wertepaar (70°|37,6°) dafür einzutragen wäre?

★

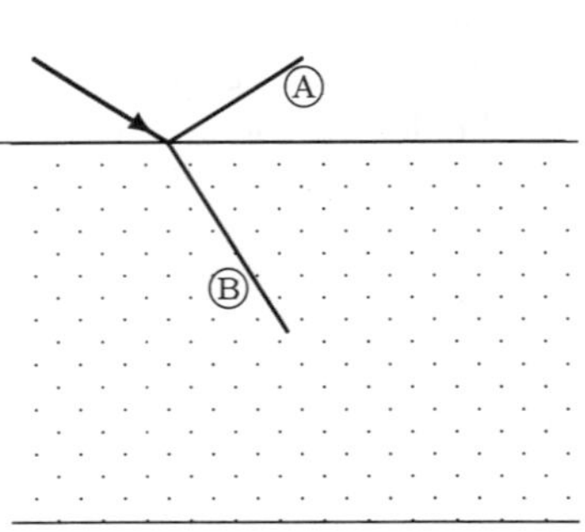

O 85: Ein Lichtstrahl, der unter einem Einfalls-Winkel von 58° in Luft von oben auf eine 60 mm dicke Glasplatte trifft, wird in zwei Anteile aufgetrennt, von denen der eine (im Folgenden Ⓐ genannt) zurück in die Luft verläuft und der andere (Ⓑ) unter einem Winkel von 32° ins Glas eindringt.

a) Benenne die Phänomene, aus denen Ⓐ und Ⓑ stammen!

b) Benenne und berechne die für Ⓑ entscheidende Materialkonstante!

c) Ein Teil von Strahl Ⓑ tritt unten aus dem Glas aus. Zeichne den bisher beschriebenen Strahlenverlauf in Originalgröße! Vergleiche den unten ausgetretenen Strahl mit dem Verlauf, den der oben einfallende Strahl ohne die Glasplatte genommen hätte! Beschreibe dabei den Unterschied quantitativ!

★

O 86: Beim Übergang eines Lichtstrahles von Luft in Benzol tritt bei einem Einfallswinkel von 57° ein gebrochener Strahl unter dem Ausfallswinkel 34° auf. Wie schnell ist Licht in Benzol?

★

O 88: Ein Lichtstrahl trifft aus dem Vakuum kommend mit einem Einfallswinkel von 75° auf eine glatte Oberfläche von klarem Wassereis. Die Lichtgeschwindigkeit im Eis beträgt 229 000 $\frac{\text{km}}{\text{s}}$. Zeichne alle auftretenden Lichtstrahlen in den richtigen Richtungen!

★

O 90: An den Graphen im Diagramm auf Seite 3 lassen sich Tangenten im Ursprung betrachten. Welche Steigungen haben diese Tangenten? Welche Beziehung besteht zu den Brechungsindices?

★★

O 92: Ein Lichtstrahl trifft unter Wasser mit $\alpha_W = 70°$ auf einen geschliffene Seite eines Diamanten. Unter welchem Winkel wird er in den Diamanten gebrochen?

★★

O 94: Heinz B. steht 85 cm entfernt vom Rand eines 2,40 m tiefen Schwimmbeckens, das aber nur 1,80 m hoch mit Wasser gefüllt ist. Mit einer Augenhöhe von 1,70 m sucht er nach einem verlorenen Spindschlüssel, der am Boden des Beckens liegt. Der Brechungsindex von Wasser beträgt $1\frac{1}{3}$. Wie weit vom Beckenrand entfernt muss der Schlüssel liegen, damit Heinz ihn sehen kann?

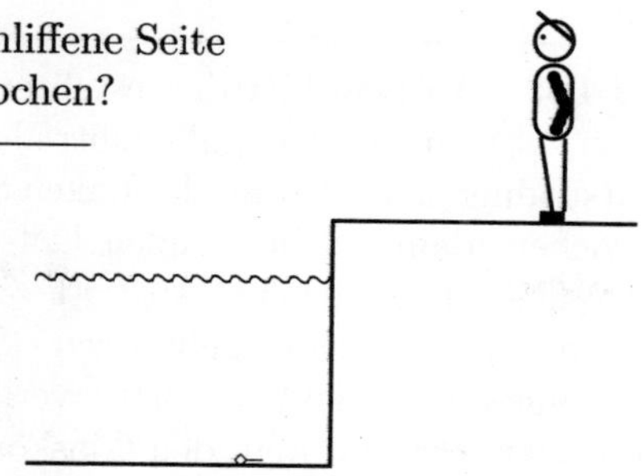

Totalreflexion

O 140: Welche Grenzwinkel der Totalreflexion haben Wasser und Diamant?

★

O 141: Erläutere, was man unter einer Totalreflexion versteht, und unter welchen Bedingungen sie auftritt!

★

O 142: Skizziere und beschreibe, wie man von Zedernholzöl den Grenzwinkel der Totalreflexion gegenüber Luft bestimmen kann!

★

O 143: Drei Lichtstrahlen Ⓐ, Ⓑ und Ⓒ treffen von rechts auf einen Diamanten wie hier im Querschnitt gezeichnet. Die vier geschnittenen Seitenflächen des Diamanten stehen dabei senkrecht zur Zeichenebene und bilden darin ein Parallelogramm. Zeichne möglichst exakt ein:

a) die Wege, auf denen reflektierte und gebrochene Anteile von Ⓐ weiter verlaufen

b) den Anteil von Ⓑ, der beim Auftreffen auf den Diamanten reflektiert wird

c) den Anteil von Ⓑ, der in den Diamanten eintritt und ihn schnellstmöglich wieder verlässt

d) den Anteil von Ⓒ, der in den Diamanten eintritt und ihn schnellstmöglich wieder verlässt

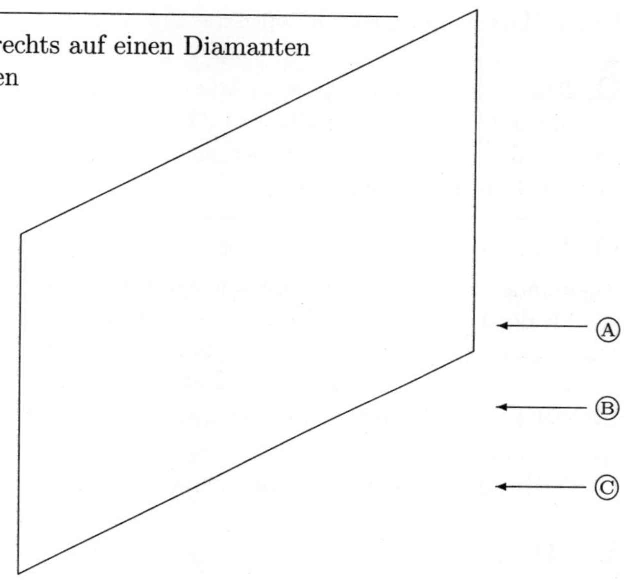

★

O 144: Bestimme zu dem eingezeichneten Strahl alle möglichen vorherigen Verläufe!

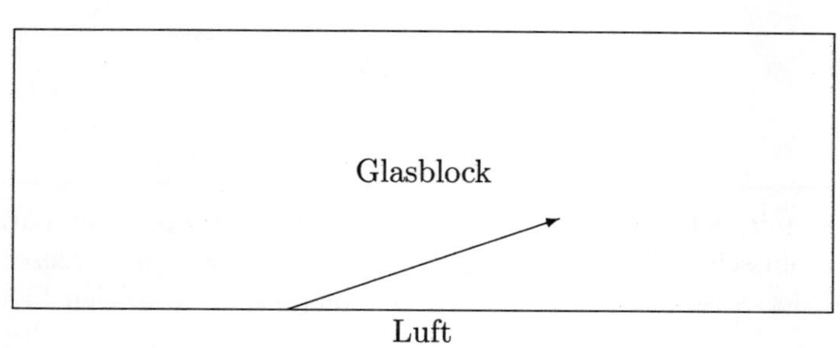

★

O 146: Erkläre die Funktionsweise des Umkehrprismas, dessen gleichschenklig rechtwinkliger Querschnitt hier rechts zusammen mit zwei einfallenden Lichtstrahlen gezeichnet ist!

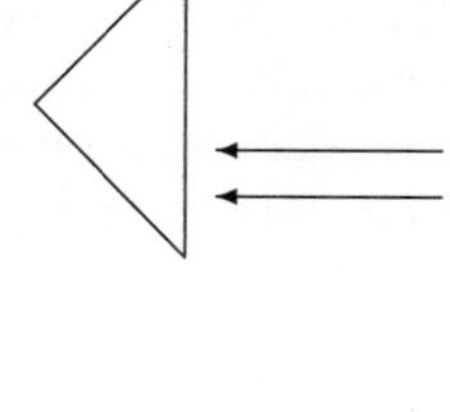

★

O 148: An dem hier dargestellten Glaskörper werden die von links eintreffenden Lichtstrahlen zunächst an der linken Schräge gebrochen, dann an der langen Unterseite totalreflektiert und beim Austritt an der rechten Schräge wieder gebrochen. Der bereits vollständig eingezeichnete Strahl verlässt den Glaskörper so, wie er auch ohne den Glaskörper verlaufen wäre. Konstruiere den weiteren Verlauf der beiden äußeren Strahlen und erkläre, warum man den Glaskörper ein (Wende- oder) Umkehrprisma nennt!

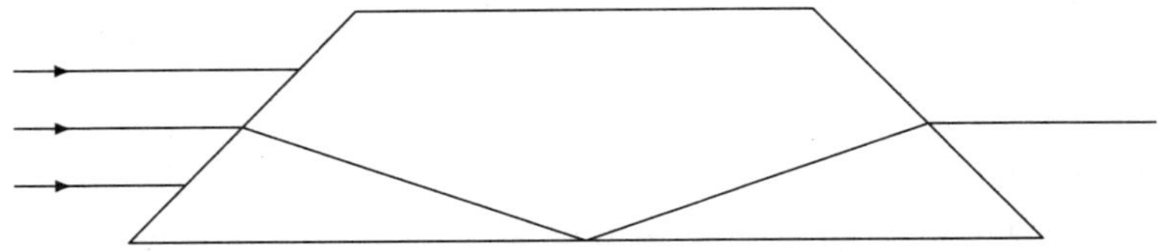

★★

O 150: Angenommen, Du befändest Dich – nach Belieben mit Taucherausrüstung – am Boden eines Schwimmbeckens und die Wasseroberfläche bliebe trotz Deiner Bewegungen (und anderer möglicher Störungen) völlig ruhig, ohne jegliche Wellen. Was könntest Du beim Blick auf die Unterseite der Wasseroberfläche alles sehen?

Linsen

O 200: Stelle Dir eine super billige Mini-Konvexlinse her!
Biege aus einem dünnen Draht eine etwa 3 mm weite, möglichst runde Schlinge und bringe einen Wassertropfen hinein. Der Tropfen ist eine optische Linse. Halte sie dicht über irgendetwas kleines und schaue hindurch!

O 202: Zeichne eine optische Achse, die um 30° gegenüber der Horizontalen geneigt ist, und darauf eine Konvexlinse mit einer Brennweite von 32 mm. Zeichne dann die Strahlengänge von 8 verschiedenen Lichtstrahlen, die von derselben Linsenseite her als Brennstrahlen einfallen! Wiederhole das Ganze für Mittelpunktstrahlen und für Parallelstrahlen!

O 204 Claudia experimentiert mit einer Konvexlinse.
Zueinander fast parallel einfallende Sonnenstrahlen bündelt sie mit der Linse in einem Punkt, der 9 cm hinter der Mittelebene und 2 cm oberhalb der optischen Achse liegt.

a) Unter welchem Winkel zur optischen Achse scheint die Sonne?
b) Welche Brennweite hat Claudias Linse?

★

O 206: Wie ändert sich die Brennweite einer Konvexlinse, wenn man sie unter Wasser taucht?

★

O 208: Beschreibe einen Versuch, der die Regel über einfallende Brennstrahlen an Konvexlinsen bestätigt!

O 210:
Konstruiere den weiteren Verlauf des Lichtstrahles in folgender Abbildung!
(Tipp: Der gezeichnete Strahl könnte aus einem Bündel paralleler Strahlen stammen.)

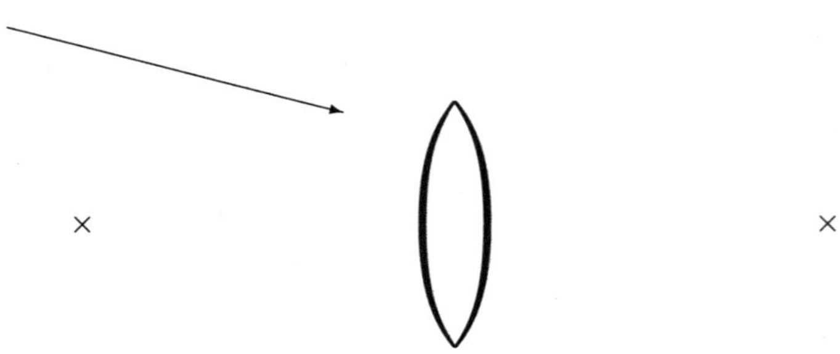

★

O 212: Auf eine Konvexlinse mit der Brennweite 6 cm treffen einige zueinander parallele Lichtstrahlen unter einem Winkel von 35° zur optischen Achse auf. Zeichne eine Situation nach dieser Beschreibung und konstruiere den weiteren Verlauf der Strahlen! (Tipp: Einer der möglichen parallelen Strahlen ist besonders leicht zu verfolgen.)

★

O 214: Überlege Dir und zeichne, wie man mit Hilfe geeigneter Konvexlinsen ein 5 cm weites Bündel paralleler Lichtstrahlen auf 2 cm verdichten kann!

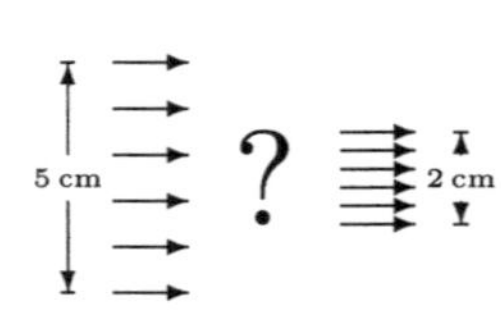

O 216: Zeichne eine optische Achse, die um 30° gegenüber der Horizontalen geneigt ist, und darauf eine Konkavlinse mit einer Brennweite von 32 mm. Zeichne dann die Strahlengänge von 8 verschiedenen Lichtstrahlen, die von derselben Linsenseite her als Brennstrahlen einfallen! Wiederhole das Ganze für Mittelpunktstrahlen und für Parallelstrahlen!

★

O 218: Entlang einer optischen Achse stehen, von links nach rechts aufgezählt, eine Konvexlinse und eine Konkavlinse so hintereinander, dass ihre rechten Brennpunkte zusammenfallen. Erkläre mit einer Zeichnung, welche Wirkung diese Linsenkombination auf ein von links einfallendes Bündel von Parallelstrahlen hat!

★

O 220: Beschreibe einen Versuch, der die Regel über einfallende Brennstrahlen an Konkavlinsen bestätigt!

Abbildung durch Linsen

O 280: Beschrifte dieses Bildchen mit den richtigen Fachbegriffen! Falls Du aus Platzgründen abkürzende Symbole (wie z.B. F_1 oder f) verwendest, gib hier drunter an, wofür sie stehen!

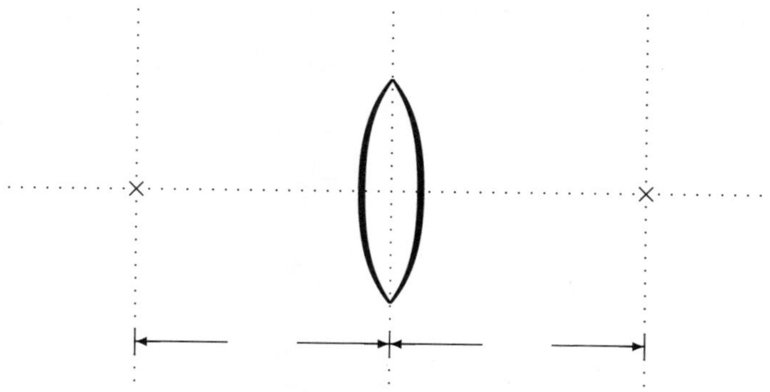

O 281: Das folgende Bild zeigt eine Linse mit ihren Brennpunkten, außerdem einen Pfeil als Gegenstand.

a) Ergänze: Bei der Linse handelt es sich um eine K______linse mit einer ______ von ______ Millimetern. Die gestrichelte Linie zwischen den ? heißt ______ ______.

b) Die Linse erzeugt ein Bild des leuchtenden Gegenstandes. Konstruiere dieses Bild!

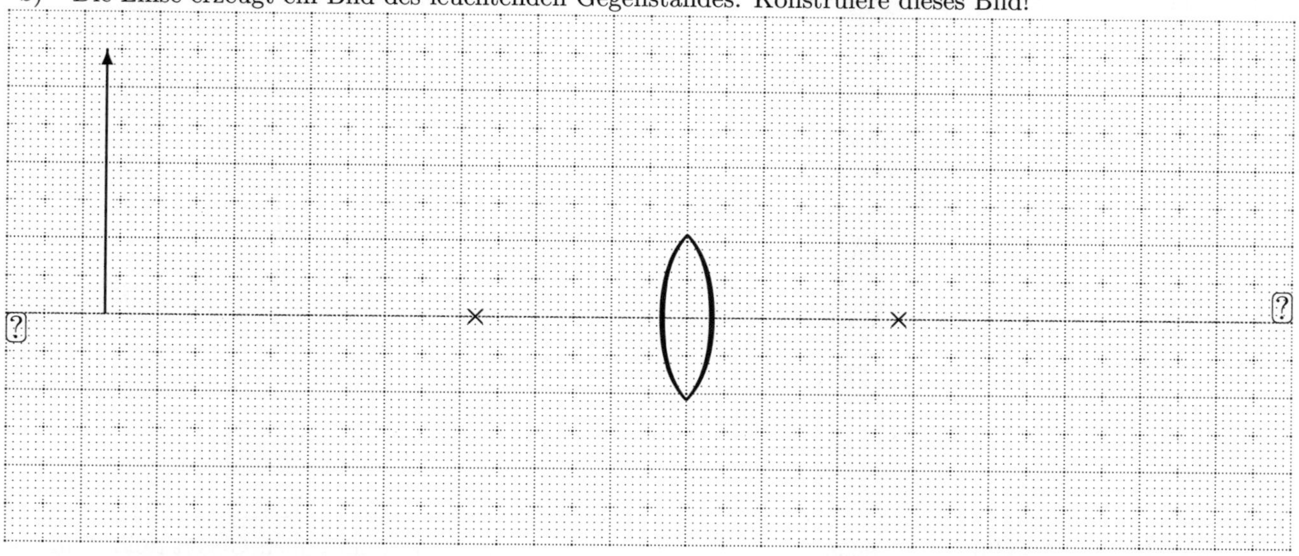

c) Es werde nun noch eine Leinwand aufgestellt, allerdings nicht dort, wo nach Konstruktion das Bild sein müsste, sondern 2 mm weiter rechts. Beschreibe, was auf der Leinwand zu sehen sein müsste!

O 282: siehe nächste Seite

★

O 283: Klarabella will wissen, wie groß ein mit 800 °C glühendes Hufeisen ist, kann das aber nicht einfach mit dem Lineal abmessen, weil ihr das Eisen zu heiß ist. Deshalb stellt sie etwas vom Hufeisen entfernt eine Konvexlinse mit einer Brennweite von 20 cm auf. 36 cm hinter der Linse fängt sie auf einem 297 mm × 210 mm großen Blatt Papier ein scharfes, 144 mm großes Bild des Hufeisens auf. Bestimme:

a) Wie groß ist das Hufeisen?

b) Wie weit ist das Hufeisen von der Linse entfernt?

O 284: In 66 mm Entfernung vor einer Sammellinse mit 30 mm Brennweite steht ein 36 mm hoher leuchtender Gegenstand. Bestimme zeichnerisch, wie weit hinter der Linse ein scharfes Bild des Gegenstandes entsteht, und wie hoch dieses Bild ist!

O 286: Ermittle zeichnerisch die Bildweite und die Bildgröße, die man erhält, wenn man einen 4 cm großen Gegenstand 6 cm vor eine Sammellinse mit der Brennweite 24 mm stellt!
Löse diese Aufgabe auch mit drei anderen Gegenstandsgrößen Deiner Wahl! (wenn möglich, in verschiedenen Farben im selben Bild) Was fällt auf?

O 282 Ermittle zeichnerisch die Bildweite und die Bildgröße, die man erhält, wenn man einen 25 mm großen Gegenstand 60 mm vor eine Sammellinse mit der Brennweite 35 mm stellt!

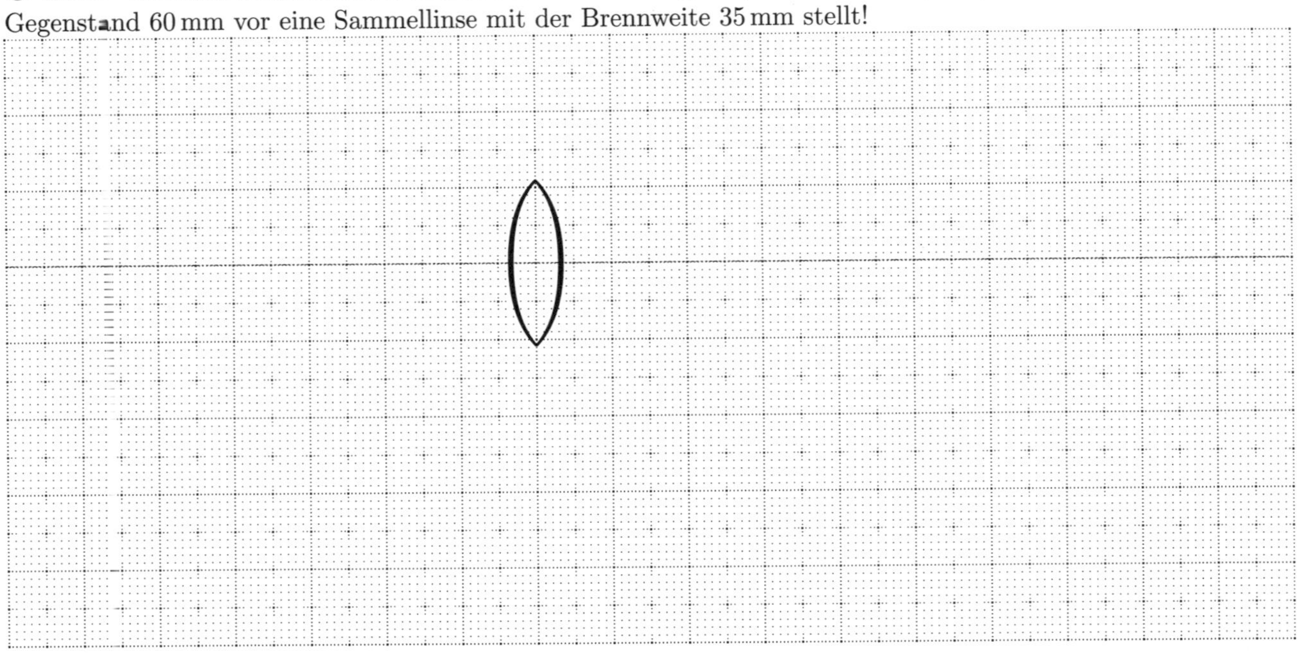

O 290: Konstruiere das Bild, welches die Linse mit den Brennpunkten × vom Gegenstand ⊗ erzeugt!

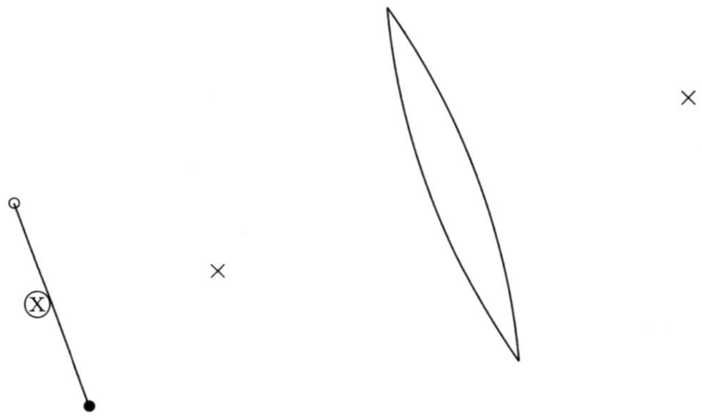

O 292: Bei der Abbildung mit einer Sammellinse erhält man von einem 5 cm hohen Gegenstand 9 cm vor der Linse ein 2,5 cm großes Bild. Bestimme zeichnerisch Bildweite und Brennweite!

O 294: Eine Sammellinse der Brennweite 5 cm soll von einem 1 cm hohen Gegenstand ein 2-fach vergrößertes Bild erzeugen. Entwickle den nötigen Aufbau!

O 296: Ein Gegenstandspunkt liegt genau auf der optischen Achse 90 mm weit vor einer Linse mit Brennweite 30 mm. Versuche, den zugehörigen Bildpunkt zu konstruieren!

O 298: Eine große Kerzenflamme ist 5 cm hoch. Vierzig Zentimeter von ihr entfernt steht eine Konvexlinse mit einer Brennweite von 15 cm. Wie weit hinter der Linse entfernt kann man auf einer Mattscheibe ein scharfes Bild der Flamme auffangen? Wie groß ist das Bild? (Löse durch eine Zeichung im Maßstab 1 : 5!)

O 300: In einem Koordinatensystem mit cm-Skalierung stelle die y-Achse die optische Achse und die x-Achse die Mittelebene einer konvexen Linse mit 25 mm Brennweite dar.

a) Konstruiere den Bildpunkt zu (3|4)! b) Welcher Gegenstandspunkt hat in (−3|4) seinen Bildpunkt?

★

O 302: Zeichne zunächst eine optische Achse, die nicht an der Lineatur Deines Papiers ausgerichtet ist, sondern z.B. um 40° geneigt verläuft! Bestimme daran dann zeichnerisch die Brennweite, die eine konvexe Linse haben muss, um bei einer Gegenstandsweite von 6,4 cm ein Bild in einer Bildweite von 8,2 cm zu produzieren!

★★

O 304: Wie könnte ein Diaprojektor aufgebaut sein?

O 320: Diese Zeichnung zeigt einen Gegenstand (als Pfeil), der vor einer Konkavlinse mit Brennpunkten $F_{1,2}$ steht. Konstruiere das Bild des Gegenstandes anhand aller drei besonderen Strahlen, dir wir kennen!

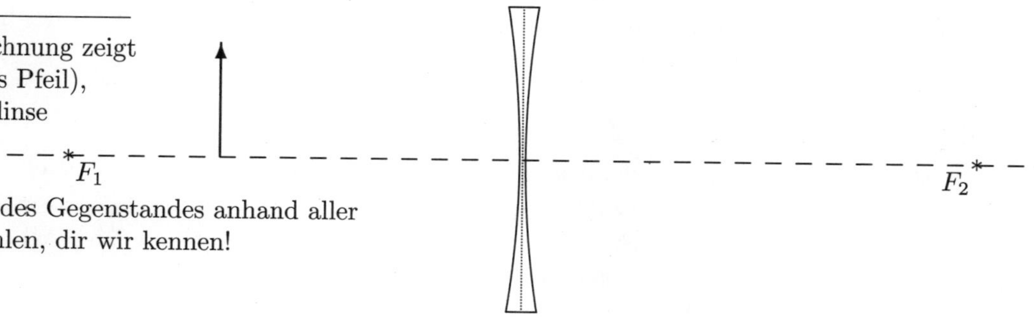

Linsengleichung

O 360: Löse die Linsengleichung allgemein nach f, g und b auf und trage hier ein!

$f =$

$g =$

$b =$

O 362: Welche Bildweite und -größe ergeben sich, wenn ein 5 cm hoher Gegenstand 24 cm vor eine Konvexlinse der Brennweite 8 cm gestellt wird?

O 364: Wie weit vor eine Konvexlinse mit Brennweite 150 mm muss eine Kerze stehen, damit ihr Bild 25 cm hinter der Linse auftritt?

O 366: Ein 1,20 m hoher Weihnachtsbaum steht in 2,80 m Abstand vor einer Sammellinse der Brennweite 80 cm. Bestimme, in welchem Abstand hinter der Linse ein wie großes Bild des Baumes entsteht, und zwar...

a) ... zeichnerisch im Maßstab 1 : 40!

b) ... rechnerisch!

O 368: Wie groß ist das Bild eines 1,60 m großen Kommunionskindes, das 5,40 m vor einer Kameralinse der Brennweite 40 mm steht?

O 370: In 1,20 m Entfernung vor einer Sammellinse mit 45 cm Brennweite steht ein 30 cm hoher leuchtender Gegenstand. Bestimme rechnerisch, wie weit hinter der Linse ein scharfes Bild des Gegenstandes entsteht, und wie hoch dieses Bild ist!

★

O 372: Welche Brennweite hat eine Linse, die einen 12 cm hohen Gegenstand in 40 cm Abstand vor der Linse ...

a) ... auf einen Schirm 30 cm hinter der Linse scharf abbildet?

b) ... in einer Bildgröße von 15 cm abbildet?

★

O 374: Wie weit vor einer Linse der Brennweite 30 cm muss man einen Gegenstand platzieren, damit der Abbildungsmaßstab 4 (allgemein: n) beträgt?

★

O 376: Gib den Abbildungsmaßstab einer Linse der Brennweite f bei einer Gegenstandsweite g an!

★★

O 378: Entwirf in einem Tabellenkalkulationsprogramm eine Tabelle, aus der für verschiedene Brennweiten und Gegenstandsweiten die zugehörigen Bildweiten abgelesen werden können!

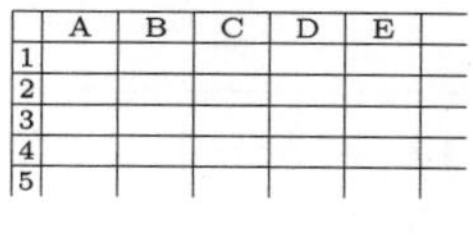

★

O 380: Drücke $\frac{B}{G}$ dank ähnlicher Dreiecke auf verschiedene Arten mit b, g und f aus und leite so die Linsengleichung her!

★★

O 382: Stelle fest, wie nah sich Bild und Gegenstand bei einer Sammellinse sein können!

★★

O 384: Laut der Gleichung $b = \frac{g \cdot f}{g-f}$ hängt die Bildweite *nicht* von der Gegenstandsgröße ab. Angenommen, es wäre $b = \frac{g \cdot f}{g-f} + G$. Wie sähe dann das Bild eines Pfeiles aus, der aufrecht auf der optischen Achse steht? (Tipp: Überlege, wo die Bildpunkte verschieden hoch gelegener Punkte des Pfeiles lägen!)

★

O 385: Viele elektronische Bauteile werden hergestellt, indem man winzige Schaltkreise durch „Photolithographie“ auf der Oberfläche eines passend beschichteten Grundkörpers anlegt. Grundidee: Man trägt auf die Oberfläche einen Lack auf, der sich bei Belichtung chemisch so verändert, dass belichtete und unbelichtete Stellen bei anschließender Behandlung mit weiteren Chemikalien unterschiedlich reagieren. Zum Beispiel verbleiben manche Stellen letzten Endes als elektrisch leitfähig und bilden Leiterbahnen zwischen anderen Arealen, aus denen Dioden geworden sind. Strukturen wie das Netz der Leiterbahnen können zunächst als größere Bilder entwickelt werden und anschließend durch Linsen verkleinert auf die Lackschicht projiziert werden.

Um diese Technik zu veranschaulichen will eine Schulklasse ein Modell bauen. Es soll darin ein Linienmuster, das man mit schwarzer Tinte auf eine Transparentfolie gemalt hat, mit Hilfe einer Linse der Brennweite 15 cm auf ein Fünftel verkleinert auf einen Schirm abgebildet werden. Bestimme, wie weit vor der Linse das Linienmuster gehalten werden muss, und wie weit hinter der Linse der Schirm stehen muss!

★★★

O 386: Eine Sammellinse habe 2 m Brennweite.

a) Bestimme die Bildweiten zu den Gegenstandsweiten 3 m, 4 m, 5 m, 6 m und 10 m!

b) Markiere auf der x-Achse eines Koordinatensystems die Maßzahlen der genannten Gegenstandsweiten und auf der y-Achse die der berechneten Bildweiten! Verbinde diese Stellen der y-Achse mit den zugehörigen Markierungen der x-Achse! Was fällt auf?

c) Zeige allgemein, dass dies bei Sammellinsen immer so ist!

★★★

O 388: Lege mit einer dynamischen Geometrie-Software eine Konstruktion an, die mit Hilfe des Zusammenhanges aus Aufgabe O386 zu (möglichst bequem) vorgebbaren Brenn- und Gegenstandsweiten die zugehörige Bildweite ermittelt!

★★

O 390: Ein Physiklehrer möchte die Abbildung einer brennenden Kerze durch eine Sammellinse mit Brennweite 20 cm auf einen Schirm vorführen. Er möchte dabei die volle Länge einer 1 m langen optischen Bank auszunutzen und bringt also die Kerze an dem einen Ende der Bank an, den Schirm am anderen. Wo sollte er die Linse hinstellen?

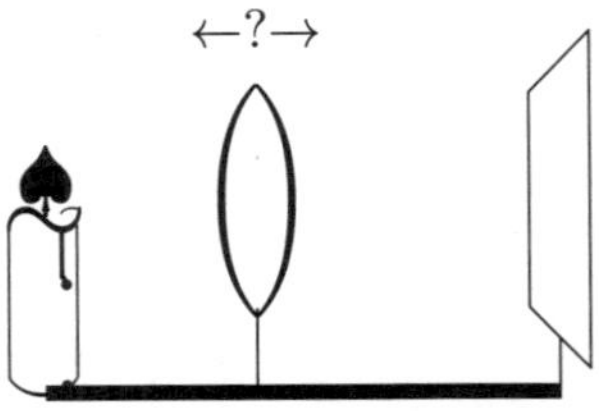

Virtuelle Bilder

O 440: Konstruiere das Bild, das man von einem 2 cm hohen Gegenstand erhält, der 4 cm vor einer Sammellinse mit der Brennweite 7 cm steht!
Ist dies ein reelles oder ein virtuelles Bild?

O 442: Konstruiere das Bild, das man von einem 2 cm hohen Gegenstand erhält, der 8 cm vor einer Zerstreuungslinse mit der Brennweite 6 cm steht!
Ist dies ein reelles oder ein virtuelles Bild?

Z ★

O 444: Fülle diese Übersicht weiter aus!

Gegenstandsweite	Bildweite	Bildgröße	Bildeigenschaften
$g \to \infty$			
$g > 2f$	$f < b < 2f$	$B < G$	reell, umgekehrt
$g = 2f$			
$f < g < 2f$			
$g = f$			
$f > g > f/2$			
$g < f/2$			

O 445: Eine Konvexlinse mit einer Brennweite von 30 mm wird verwendet, um einen 24 mm hohen Gegenstand abzubilden. Bestimme durch Konstruktion des Strahlenganges (in jeweils einer neuen Zeichnung) die Höhe des Bildes, wenn man den Gegenstand ...

a) ... 50 mm vor die Linse stellt!

b) ... 20 mm vor die Linse stellt!

c) Benenne und charakterisiere kurz jeweils die Art des Bildes!

★

O 446: Mit einer Sammellinse erzeugt man von einem Gegenstand ein virtuelles Bild. Lässt sich von diesem virtuellen Bild mit einer zweiten Sammellinse ein reelles Bild herstellen? Begründe Deine Antwort!

O 448: Beantworte für reelle und für virtuelle Bilder:
Nimmt eine am Ort des Bildes aufgestellte Fotoplatte das Bild auf?
Kann man das Bild von einer anderen Stelle aus fotografieren und damit ein Bild von diesem Bild machen?

★

O 450: Das Bild bei einer Sammellinse kann reell oder virtuell sein, aufrecht oder umgekehrt, vergrößert, originalgroß oder verkleinert, und es kann vor oder hinter der Linse liegen. Beschreibe in möglichst wenigen Sätzen die Zusammenhänge zwischen diesen Eigenschaften sowie die Bedingungen, unter denen sie vorliegen!

★

O 452: Konrad betrachtet einen 30 mm langen Käfer durch eine Lupe (d.h. durch eine Sammellinse) mit der Brennweite 40 cm. Er hält die Lupe in einem Abstand von 24 cm über dem Käfer.

a) Bestimme den Abstand des Bildes von der Linse und seine Größe, indem Du den Strahlengang und das Bild in einem geeigneten Maßstab konstruierst!

b) Welche Werte ergeben sich nach der Linsengleichung?

★★

O 454: Zeige allgemein, dass die Linsengleichung auch für virtuelle Bilder an einer Konvexlinse gilt, wenn man virtuelle Bilder mit negativen Bildweiten beschreibt!

★★

O 456: Zeige, dass die Linsengleichung auch für Konkavlinsen gilt, wenn man deren Brennweite mit negativem Vorzeichen einsetzt und virtuelle Bilder mit negativen Bildweiten beschreibt!

Optische Geräte

O 500: Welche Brennweite muss das Objektiv einer primitiven Kamera haben, um eine 1,20 m hohe Statue in 0,80 m Abstand scharf auf den Film abzubilden, der 35 mm vom Zentrum des Objektivs entfernt verläuft?

★

O 502: Mit einer Kamera mit einem Objektiv der Brennweite 40 mm soll eine 1,90 m große stehende Person in 3 m Abstand scharf fotografiert werden. Wie viel von der Person (in Originalgröße) wird abgeschnitten, wenn der Filmstreifen 20 mm breit ist?

★

O 504: Bei der Nahaufnahme eines z.B. 5 dm entfernten Motivs sind mitabgebildete Gegenstände in 6 dm Entfernung eventuell schon unscharf. Bei der Aufnahme eines 5 m entfernten Motivs mit derselben Kamera sind aber vielleicht auch Gegenstände in 60 m Entfernung praktisch genauso scharf abgebildet. Wie kommt es, dass bei größeren Gegenstandsweiten die genaue Entfernung gar keine Rolle mehr spielt?

O 506: Recherchiere: Worin unterscheiden sich Digitalkameras von „klassischen“?

O 508: Befindet sich der blinde Fleck eines Auges verglichen mit dem gelben Fleck näher an der Nase oder weiter weg?

★

O 510: Am besten ohne nachzulesen: Fritzchens Brille besteht aus Konkavlinsen. Welche Sehschwäche hat Fritzchen?

O 511: Ergänze folgenden Text über menschliche Augen und Photoapparate (PA)!
In Augen und PA dienen ____-Linsen zur Erzeugung der Bilder. Da die Linse im ____ verformbar ist, ist ihre ____ variabel. PA-Linsen hingegen bestehen aus starrem ____. Im Auge entsteht das Bild auf ____, beim PA auf ____. Bei beiden „Geräten“ kann verändert werden, eine wie große Fläche der Linse Licht auffängt: Im Auge dient dazu die ____, im PA die ____. Eine Verengung der Öffnung ____ die pro Zeit einfallende Lichtmenge und ____ die Tiefenschärfe. Bei ____ wird die Zeit des Lichteinfalls begrenzt durch den ____, dem bei Augen am ehesten ____ entspricht. Belichtet man beim Photografieren zu ____, werden bewegte Objekte ____ abgebildet.

Hier ein paar Vorschläge, von denen allerdings einige purer Quatsch sind: [verringert] [Kameras] [Topf] [erhöht] [Schildkröten] [langweilig] [Konkav] [Konvex] [Iris] [Verschluss] [Auge] [Brennweite] [der Netzhaut] [Glas] [Blende] [dem Film] [ein Lid] [lange] [verwackelt]

★

O 512: Vergleiche Fotoapparate mit menschlichen Augen!
Welche Teile entsprechen sich? Welche Gemeinsamkeiten und Unterschiede in der Benutzung gibt es?

O 514: Berechne die Brechkraft einer Linse mit der Brennweite 80 mm!

O 516: Welche Brennweite hat eine Linse mit einer Brechkraft von 4 dpt ?

★

O 518: Wie weit hinter einer Linse mit +5,25 dpt Brechkraft liegt das Bild eines Gegenstandes, der 1,80 m vor der Linse steht?

O 519: Bestimme zeichnerisch, wie groß das Bild eines 10 mm großen Käfers ist, wenn man eine Lupe mit 4 cm Brennweite in 3 cm Abstand über den Käfer hält!

★

O 520: Eine Lupe habe die Brennweite 6 cm.

a) Um welchen Faktor vergrößert die Lupe, wenn man einen Gegenstand 4 cm vor die Linse stellt?

b) Wohin muss man einen Gegenstand halten, um ihn in verdoppelter Größe zu sehen?

★

O 522 Wenn man nur sehr kurz in die Sonne blickt, ist man zwar geblendet, jedoch nicht dauerhaft geschädigt. Warum ist es viel gefährlicher, mit einem Fernrohr ebenso kurz in die Sonne zu blicken?

★

O 524: Wie müssen bei einem Galilei-Fernrohr Objektiv und Okular positioniert sein, damit das Okular das vom Objektiv auf einen Punkt hin gebrochene Licht wieder zu einem parallelen Bündel brechen kann? Welchen Vorteil hat ein Galilei-Fernrohr gegenüber einem Kepler-Fernrohr?

★

O 526: Wie stark vergrößert ein Kepler-Fernrohr einen 5° weiten Himmelsbereich, wenn Objektiv und Okular 70 cm bzw. 10 cm als Brennweite haben?

★

O 528: Als Vergrößerungsfaktor eines Fernrohres definiert man professionellerweise nicht das Verhältnis aus den Sehwinkeln mit und ohne Gerät, sondern das Verhältnis der Tangens-Werte dieser Winkel. (Was aber bei üblicherweise kleinen Winkeln keinen großen Unterschied macht) Zeige, dass dieser Vergrößerungsfaktor bei einem Kepler-Fernrohr gleich dem Verhältnis der Brennweiten von Objektiv und Okular ist!

O 529: Ergänze folgenden Lückentext über Mikroskope möglichst sinnvoll!
Ein Mikroskop besteht mindestens aus zwei ________-Linsen. Vom betrachteten Gegenstand erzeugt die ________-Linse L_1 ein mit einem Faktor α vergrößertes ________ Zwischenbild, dessen noch einmal mit Faktor β vergrößertes ________ Bild man mit der ________-Linse L_2 betrachtet. Der Gegenstand muss sich dazu knapp ________ der Brennweite von L_1 befinden, und das Zwischenbild muss ________ der Brennweite von L_2 entstehen. Die Vergrößerung errechnet sich insgesamt als ________

Hier ein paar Vorschläge, von denen allerdings einige purer Quatsch sind: [Konvex] [innerhalb] [Konkav] [Objektiv] [reelles] [Okular] [virtuelles] [$\alpha \cdot \beta$] [außerhalb] [$\alpha + \beta$] [Subjektiv] [visuelles]

★

O 530: Dieses Bildchen zeigt das wohl bekannteste Fraktal der Welt, nämlich das „Apfelmännchen“. Um seine fraktale Natur besser zu sehen betrachtet Benno das Bildchen durch eine Lupe mit 12 cm Brennweite. Wie weit über dem Papier muss Benno die Lupe halten, damit ihr virtuelles Bild gegenüber dem Original vierfach vergrößert ist? (Leider würde Benno feststellen, dass die Auflösung des Druckers dem Versuch einer fraktalen Darstellung auf Papier enge Grenzen setzt. Im Internet findest Du sicher schnell ein Programm, das Dich die Mandelbrotmenge und viele Fraktale mehr auf dem Bildschirm faszinierender untersuchen lässt.)

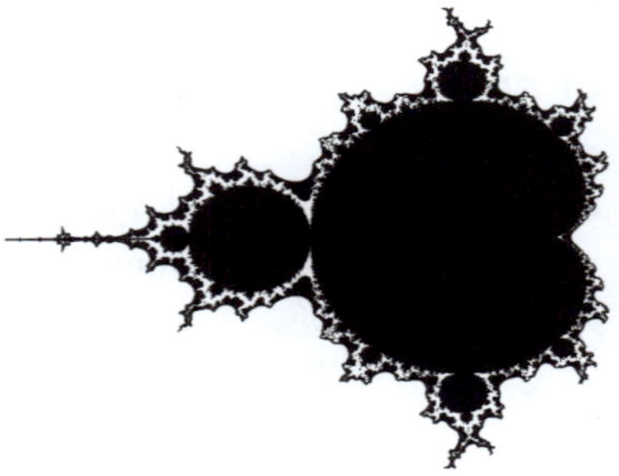

Vermischtes

★

O 580: Ein 25 mm großer Gegenstand werde durch eine Konkavlinse mit der Brennweite 30 mm betrachtet, wobei sich der Gegenstand 45 mm von der Linse entfernt befindet.

a) Konstruiere den Strahlengang und das entstehende Bild! Ist das Bild reell oder virtuell?

b) Berechne die Bildweite nach der Linsengleichung mit negativem Wert für die Brennweite! Vergleiche mit Deiner Zeichnung!

O 581: Eine Konvexlinse mit einer Brennweite von 15 cm wird verwendet, um einen 12 cm hohen Gegenstand abzubilden. Bestimme durch Konstruktion des Strahlenganges (in jeweils einer neuen Zeichnung im Maßstab 1 : 5) die Höhe des Bildes, wenn man den Gegenstand …

a) … 25 cm vor die Linse stellt!

b) … 10 cm vor die Linse stellt!

O 582: Die beiden folgenden Bilder zeigen jeweils eine Linse, ihre optische Achse und ihre Brennpunkte (×). Ergänze jeweils ...

a) ... die fremdwörtliche Bezeichnung der Linsenform!

b) ... den vollständigen Verlauf eines Parallelstrahls, eines Mittelpunktstrahls und eines Brennstrahls, die von links her auf die Linse treffen!

Bezeichnung der Linse: ____________________ Bezeichnung der Linse: ____________________

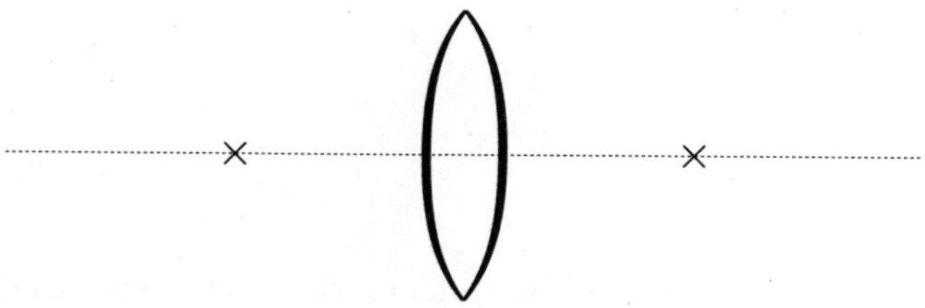

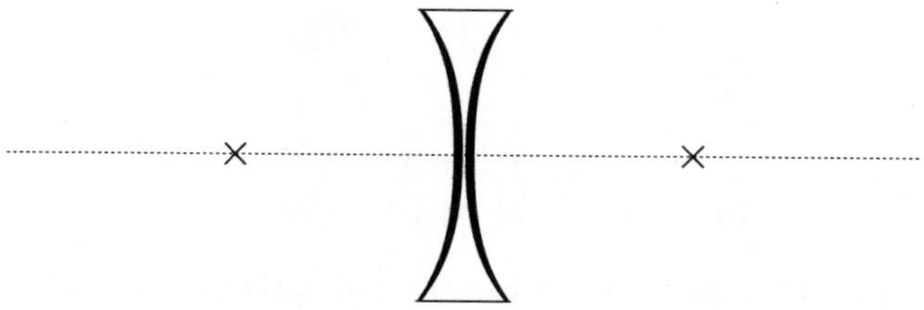

★

O 583: Erläutere die Angabe [+4 dpt] bei einem Brillenglas! Gib dabei auch an, wofür die Abkürzung steht, wie die angegebene Größe heißt, und welche Art von Linse vorliegt!

★

O 584: Konstruiere den weiteren Verlauf des Lichtstrahls! (×=Brennpunkt)

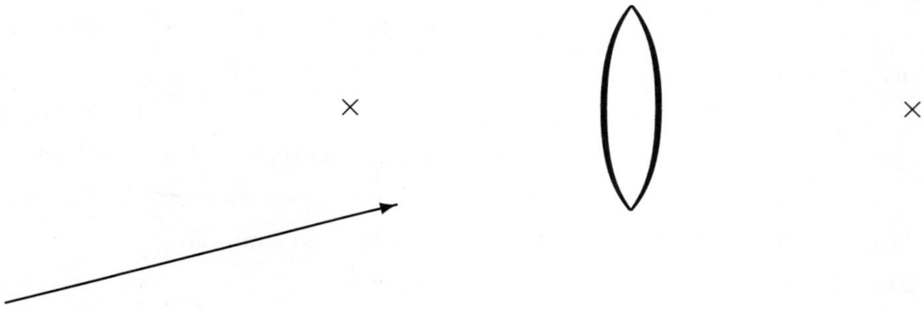

O 585: Wie weit vor einer Sammellinse mit Brennweite 200 mm muss man eine 1,50 m große Person stellen, um ein 40 cm großes Bild von ihr zu erhalten?

★

O 586: Zur Demonstration virtueller und reeller Bilder verwendet ein Physik-Lehrer eine Konvexlinse mit 35 cm Brennweite und eine 14 cm hohe leuchtende Figur. Er stellt die Figur das eine Mal 84 cm von der Linsenmitte entfernt auf, das andere Mal 28 cm entfernt. Konstruiere für beide Male in geeignetem Maßstab das Bild! Berechne zur Kontrolle Deiner Zeichnungen jeweils die Höhe des Bildes! Gib jeweils an, ob das Bild virtuell oder reell ist, und erläutere den Unterschied in eigenen Worten!

★

O 587:

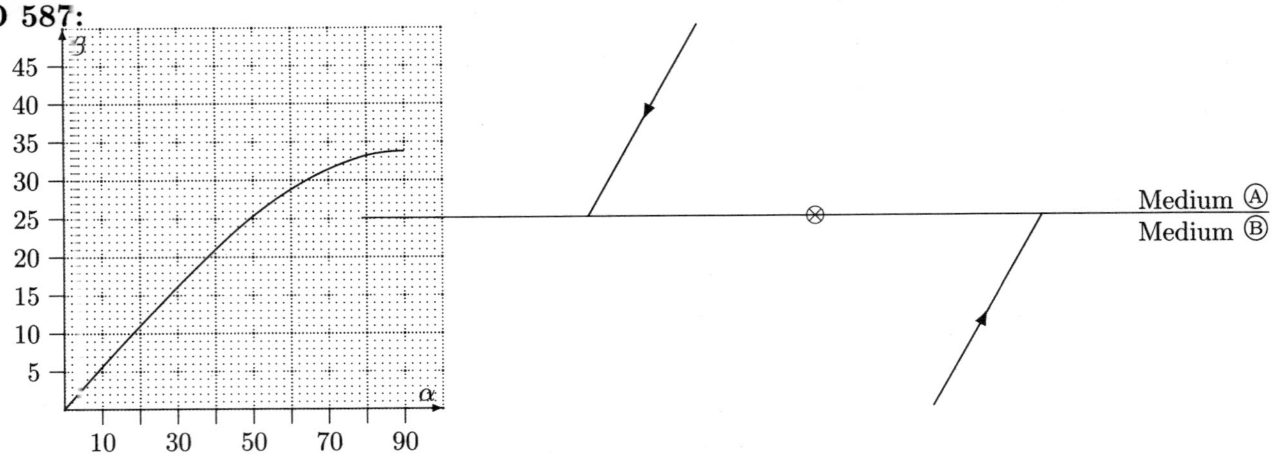

Auf die Grenzfläche zwischen zwei optischen Medien Ⓐ und Ⓑ treffen zwei Lichtstrahlen, wie es das rechte Bild zeigt. Das linke Bild stellt den Zusammenhang zwischen Winkeln α in Medium Ⓐ und Winkeln β in Medium Ⓑ dar, der für den weiteren Verlauf der Lichtstrahlen entscheidend ist.

a) Benenne die beiden Phänomene, die nun bei jedem Lichtstrahl auftreten!

b) Zeichne alle weiteren Strahlverläufe möglichst exakt ein! Gib die dafür benötigten Winkelmaße an!

c) Zeichne einen Strahl mit möglichst kleinem Einfallswinkel (Maß?), der bei ⊗ totalreflektiert wird!

d) Welches der beiden Medien ist das optisch dichtere?

Farbe

★

O 640: Folgere aus dem Dir bekannten Strahlengang weißen Lichtes durch ein Glasprisma, ob rotes Licht im Glas schneller oder langsamer als violettes Licht ist!

O 641: Ergänze folgenden Lückentext über sichtbares Licht möglichst sinnvoll!

Lässt man einen Strahl ______ Lichtes einer Glühlampe passend auf ein Glas-______ fallen, so tritt verschieden-______ Licht in verschiedenen ______ aus dem Glas aus. Auf einem Schirm lässt sich ein sogenanntes ______ auffangen, das sich mit ______ Übergängen aus den „Regenbogen-Farben“ von rot bis ______ zusammensetzt. Wissenschaftlich heißen diese Farben ______-farben. In der ______ unserer Augen ______ jede dieser Farben 3 Sorten von sogenannten ______ unterschiedlich leicht. Aus den Signalen dieser 3 Zellsorten kann das ______ auf die Zusammensetzung des Lichtes schließen und ordnet ihm demnach einen ______ zu. Es kann aber z.B. nur schlecht unterscheiden, ob es spektral rein gelb oder eine Mischung aus rot und ______ ist.

Hier ein paar Vorschläge, von denen allerdings einige purer Quatsch sind: [Gehirn] [Netzhaut] [Zapfen] [Stäbchen] [reizt] [Kamel] [kluges] [schwarzen] [weißen] [violett] [Farbton] [Prisma] [farbiges] [Spektrum] [Richtungen] [Spektral] [fließenden] [grün] [orange] [Pupille]

O 642: Bei welcher Wetterlage kommt es zu einem Regenbogen? Wo liegt sein Mittelpunkt?

★

O 644: Untersuche zu Hause die spektrale Zusammensetzung einiger Lichtquellen! Kein Prisma zu Hause? Macht nichts: Aufgrund Dir noch nicht bekannter Effekte fächert auch eine CD Licht in sein Spektrum auf. Du musst lediglich dafür sorgen, dass die CD nur von der zu untersuchenden Lichtquelle beleuchtet wird und von dieser auch nur ein möglichst schmales Lichtbündel auffängt. Mit den richtigen Einfalls- und Blickwinkeln (ausprobieren!) siehst Du dann in der CD das Spektrum der Lichtquelle.

Eine Idee dazu: Licht durch einen engen Türspalt in ein sonst dunkles Zimmer fallen lassen.

★

O 646: „Chromatische Aberration“: Vergleiche die Brennweiten, die eine Glaslinse für rotes und für blaues Licht hat!

Elektrizitätslehre

(L) Elektrische Ladung

Ladungsphänomene

L 2: Mini-Experiment für zu Hause: Lade einen Luftballon (o.ä.) durch Reiben an Deinen Haaren (o.ä.) elektrisch auf! Lasse aus einem Wasserhahn einen dünnen Strahl herauslaufen und halte den Luftballon in die Nähe des Strahles! Beobachtung? (Drehe den Wasserhahn natürlich auch wieder zu!)

L 4: Beschreibe, unter welchen Bedingungen welche Kraftwirkung zwischen geladenen Körpern auftritt!

★

L 6: Eine Metallkugel mit Stiel wird von zwei metallischen Halb-Hohlkugeln eingeschlossen, so dass alle Teile miteinander in Kontakt stehen. Nun berührt man die Anordnung mit dem Pluspol einer Hochspannungsquelle. Anschließend öffnet man die äußere Kugel und entnimmt die innere Kugel. Gib in den folgenden Fällen jeweils an, welche Ladung die beiden Kugeln tragen!

a) Stiel aus Metall, Berührung am Stiel
b) Stiel aus Plastik, Berührung an äußerer Kugel
c) Stiel aus Metall, Berührung an äußerer Kugel
d) Stiel aus Metall, Berührung am Stiel, kein Kontakt zwischen Stiel und äußerer Kugel

★

L 8: Von drei gleichartigen isolierten Metallkugeln ist die erste Kugel positiv geladen, die zweite ebenso stark negativ geladen, die dritte gar nicht geladen. Nun berührt man mit der zweiten zuerst die dritte Kugel, trennt sie wieder und berührt danach mit der zweiten Kugel die erste Kugel. Wie sind die Kugeln nun geladen?

★

L 10: Ein mit Aluminium-Folie überzogenes Tischtennisbällchen hängt an einer langen Angelschnur von der Decke herab, mitten zwischen zwei Metallplatten, die mit den Polen eines Hochspannungsnetzgerätes verbunden sind. Durch geeignetes Pusten wird das Bällchen so weit ausgelenkt, dass es die eine Platte berührt, wie abgebildet. Was wird warum nun weiter geschehen? Was würde ohne Hochspannung passieren?

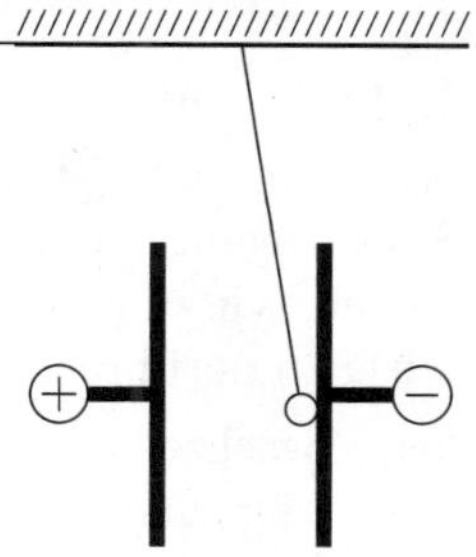

L 12: Welche Folgen für die gesamte Erde hat es, dass sie bei jedem Erden eines geladenen Körpers dessen Ladung übernimmt?

L 14: Was versteht man unter Influenz? Beschreibe einen Versuch dazu!

★

L 15: Eine große, isoliert aufgestellte Metallkugel wird über ein Lämpchen mit phantastischer Empfindlichkeit mit der Erde verbunden. Mit Hilfe des Fells einer gewöhnlichen Hauskatze (*felis domestica*) und eines geeigneten Stabes hat Herr B. eine Metallkugel elektrisch positiv geladen und hält sie – gemeint ist die Kugel, nicht die Katze – an einem isolierenden Griff in der rechten Hand. Er nähert nun die geladene Kugel der großen an, ohne dass sich die Kugeln berühren.

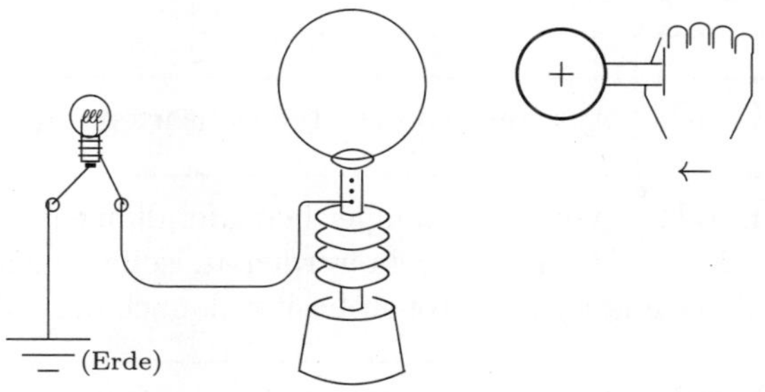

a) Beschreibe, was unmittelbar vor, während und nach dieser Annäherung zu beobachten ist! Erkläre unter Verwendung passender Fachbegriffe, wie es dazu kommt! Gehe dabei auch auf die kleinsten beteiligten Teilchen ein!

b) Herr B. hält die kleinere Kugel immernoch gleichbleibend nahe an der großen. Aus Versehen berührt er nun mit seinem linken Zeigefinger die kleinere Kugel. Beschreibe und erkläre ausführlich wie zuvor, was zu beobachten ist!

★

L 16: Hier sind in Form von Bildergeschichten zwei Versuche mit einem Elektroskop und Metallkugeln beschrieben.

Erkläre die Beobachtung!

Zeichne ein, wann wo welche Aufladung vorliegt!

a)

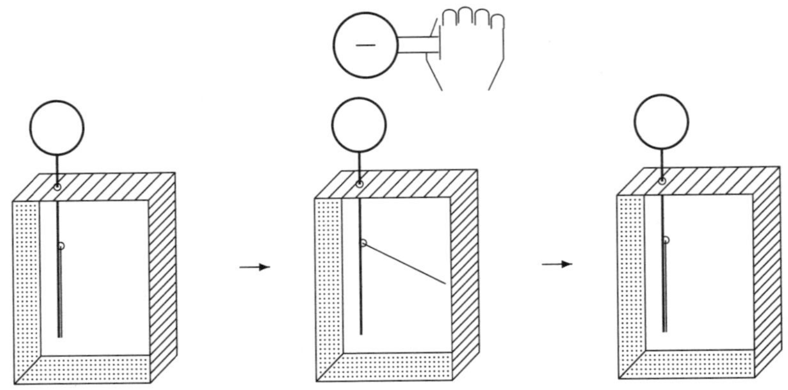

b)

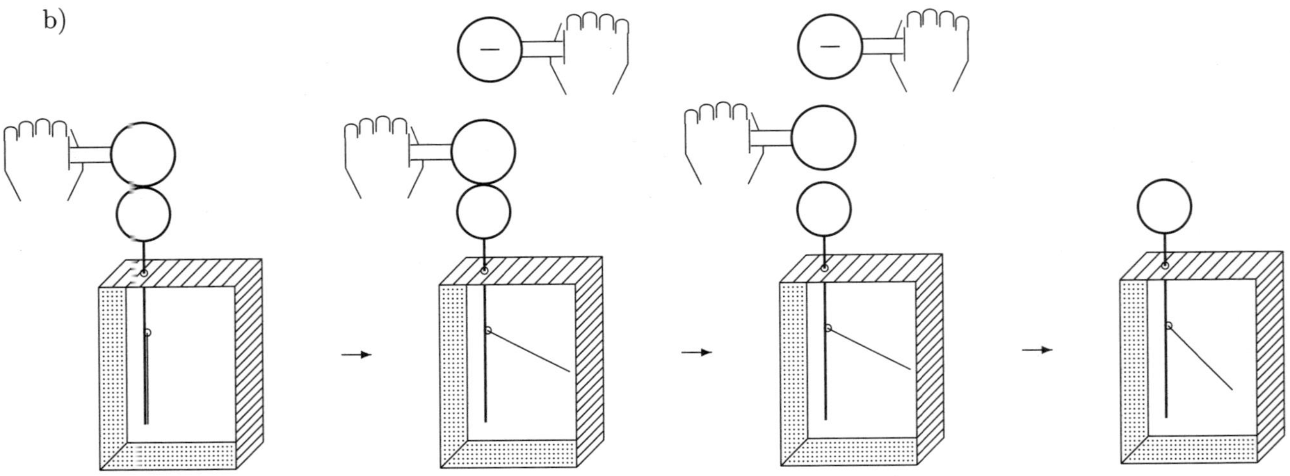

c) Was wäre bei positiver Ladung der handgeführten Kugel anders?

★★

L 18: Auf einer optischen Bank (stabile Metallschiene) sind drei verschiebbare „Reiter“ (■) montiert, die jeweils eine Metallkugel auf einem gläsernen Stiel tragen. Die Kugeln seien im Folgenden mit A, B und C bezeichnet und stehen, wie es nebenstehende Abbildung zeigt, nebeneinander ohne sich gegenseitig zu berühren. Kugel Ⓒ sei positiv aufgeladen, die beiden anderen neutral.

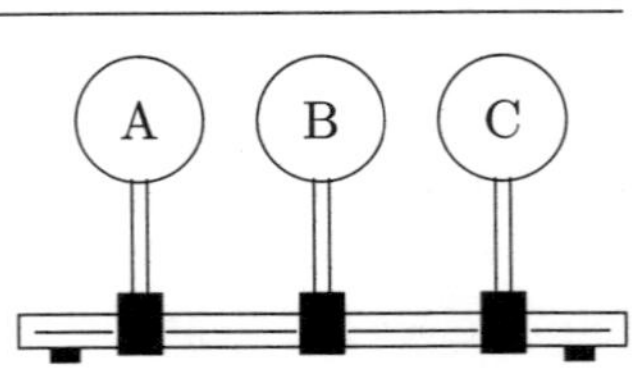

a) Beschreibe in Worten oder als Bildergeschichte, wie man ohne weitere Hilfsmittel die Kugeln Ⓐ und Ⓑ möglichst stark elektrisch aufladen kann, ohne dass sich die Ladung von Kugel Ⓒ verändert, und ohne dass die Kugeln danach an anderer Stelle stehen!

b) Welche Ladungen tragen die Kugeln Ⓐ und Ⓑ danach?

Elektronen

L 60: Aus welchen drei Teilchensorten mit welchen Ladungen ist unsere Welt hauptsächlich aufgebaut?

★

L 61: Von zwei baugleichen Metallkugeln ist eine elektrisch neutral, die andere besitzt eine Ladung von $-2 \cdot 10^{-12}$ C. Die Kugeln werden an isolierenden Stielen zusammengebracht, sodass sie sich berühren. Wie viele überschüssige Elektronen besitzt danach die anfangs neutrale Kugel?

★

L 62: Beantworte folgende Fragen zu Röhrendioden!

a) Wie muss die Diode gepolt werden, damit Stromfluss möglich ist?

b) Mit welchem Vorgang wird das Austreten von Elektronen aus glühendem Metall oft verglichen?

c) Welches Ladungs-Vorzeichen haben die austretenden Teilchen?

d) Treten diese Teilchen auch ohne elektrische Spannung zwischen Katode und Anode aus?

★

L 63: Zu den Versuchen, die wir zur Elektrostatik mit Stäben durchgeführt haben:

a) Stäbe werden elektrisch aufgeladen durch

☐ Netzgerät
☐ Erwärmung
☐ Reibung
☐ Hautkontakt
☐ laute Musik

b) Die aufgetretenen Kräfte nennt man

☐ elektrostäbische Kräfte
☐ elektrostatische Kräfte
☐ elektrodynamische Kräfte
☐ Ampere-Kräfte
☐ Coulomb-Kräfte

c) Aufgeladene Stäbe stoßen sich ab bei Materialkombination

☐ Glas & Glas
☐ Kunststoff & beliebig
☐ Kunststoff & Glas
☐ zwei gleiche
☐ niemals

d) Ein ungeladener und ein geladener Stab

☐ ziehen sich an
☐ ziehen sich aus
☐ stoßen sich ab
☐ zeigen keine Kräfte
☐ neutralisieren sich

e) Stäbe und andere Körper laden sich negativ auf bei

☐ negativer Anzahl Neutronen
☐ Abgabe von Elektronen
☐ Aufnahme von Elektronen
☐ ungerader Protonenzahl
☐ feuchter Luft und Stille

f) Die elektrische Ladung eines Protons

☐ zerfällt mit der Zeit
☐ bleibt alle Zeit erhalten
☐ kann + und − sein
☐ beträgt etwa 1 Coulomb
☐ ist eine Naturkonstante

★

L 64: Was geschieht auf atomarer Ebene eigentlich i.d.R., wenn …

a) … ein Körper elektrisch negativ aufgeladen wird?
b) … ein Körper elektrisch positiv aufgeladen wird?
c) … ein positiv geladener Alu-Klotz geerdet wird?
d) … zwei Körper aneinander gerieben werden und sich dabei elektrisch aufladen?
e) … eine positiv geladene Metallkugel an die Innenseite eines Faraday-Bechers gehalten wird?

★

L 65: Wieder eine optische Bank mit drei verschiebbaren „Reitern“, die jeweils eine Metallkugel auf einem gläsernen Stiel tragen, wie abgebildet. Kugel Ⓐ trage einen Überschuss von $9 \cdot 10^{10}$ Elektronen gegenüber ihrer Anzahl an Protonen. In Kugel Ⓑ fehlen $3 \cdot 10^{10}$ Elektronen zur Neutralität. Kugel Ⓒ weist insgesamt keine elektrische Ladung auf. Nun werden die Kugeln zusammengeschoben, so dass die beiden äußeren die mittlere berühren. Nach kurzer Pause – eine Mikrosekunde dürfte reichen – werden die äußeren Kugeln wieder ein kleines Stückchen weit von Ⓑ entfernt. Gib für jede Kugel an, wie viel Coulomb Ladung sie nun trägt!

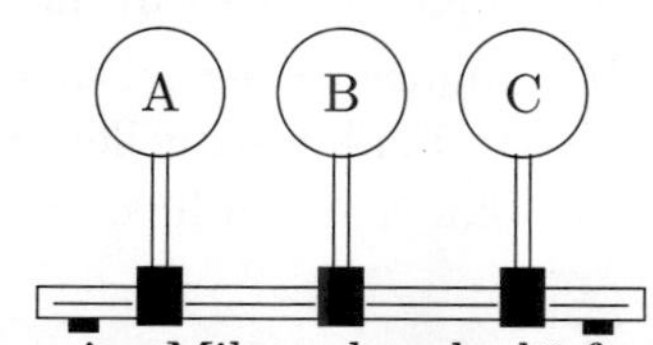

L 66: Wie viele Elektronen strömen bei 400 mA starkem Strom pro Minute durch einen Leiterquerschnitt?

L 68: Wie viel Arbeit verrichtet eine 1,5 V-Batterie an jedem von ihr angetriebenen Elektron?

★★

L 70: Kupfer enthält etwa $8{,}5 \cdot 10^{19}$ frei bewegliche Elektronen je mm^3. Es werde nun ein Kupferkabel mit $2{,}5\,\text{mm}^2$ Querschnittsfläche betrachtet, durch das ein Strom der Stärke 16 A fließt.

a) Wie viele Elektronen passieren pro Sekunde einen beliebigen Querschnitt des Kabels?
b) Welches Volumen Kupfer enthält so viele beweglichen Elektronen?
c) Wie lang ist ein Kabelabschnitt mit diesem Volumen?
d) Wie schnell driften die Elektronen durchschnittlich?

★

L 71: Eine 1,5 V-Batterie könne zwei Stunden lang 0,3 A liefern.

a) Wie viele Elektronen treten dabei aus ihrem Minuspol aus?
b) Wird die Batterie durch diese Austritte ein ganz kleines bisschen leichter? Begründe Deine Antwort!
c) Wie viel Energie kann die Batterie liefern?

★★

L 72: Zwei gleich dicke Kabel aus den Metallen A bzw. B sind innerhalb eines sonst beliebigen Stromkreises in Serie geschaltet. Metall A weise mehr frei bewegliche Elektronen pro Volumen auf als B. In welchem Kabel driften die Elektronen schneller?

★

L 74: Ein Elektronenvolt (1 eV) ist der Energiebetrag, der umgesetzt wird, wenn ein Elektron auf einer Strecke bewegt wird, über der eine Spannung von 1 Volt anliegt. Rechne 1 eV in Joule um!

L 120: Beantworte folgende Fragen zur Braun'schen Röhre!

a) Welche Spannungen werden beim Betrieb der Röhre wozu verwendet?

b) Wie wird sichtbar gemacht, wo der Elektronenstrahl auftrifft?

c) Charakterisiere kurz die beiden Betriebsarten eines Oszilloskopes!

★

L 122: Wie kann ein Oszilloskop durchgehende Linien zeigen, obwohl doch immer nur ein einziger Punkt des Schirmes vom Elektronenstrahl getroffen wird? Tipp: In Deiner Antwort könnten die Wörter „Sägezahnspannung“ und „Triggern“ vorkommen.

★

L 124: Beschreibe, wie sich der Leuchtfleck auf dem Schirm eines Oszilloskopes bewegt, wenn man die nebenstehend dargestellten Spannungsverläufe anlegt! (waagerechte Achse: Zeit; vertikale Achse: Spannung; durchgezogene Linie: U_X, punktierte Linie: U_Y)

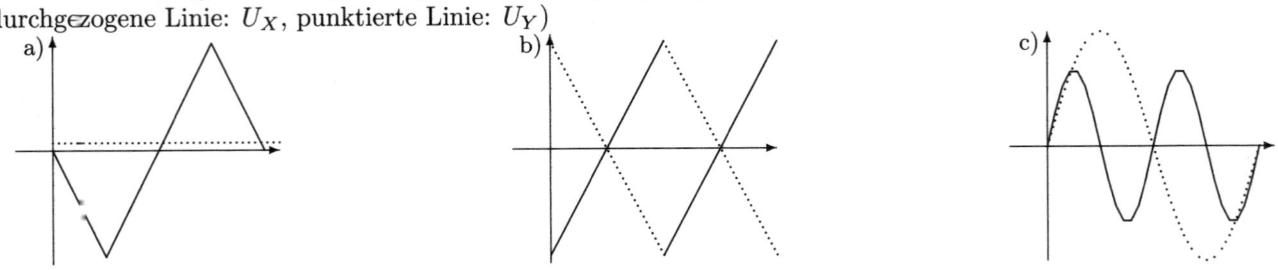

★

L 126: Stelle grafisch dar, wie U_X und U_Y zeitlich verlaufen müssten, damit der Leuchtfleck folgende Bewegung ausführt:

a) mit fester Geschwindigkeit von der Schirmmitte aus ganz hoch, ganz runter und zur Mitte zurück

b) immer wieder auf der x-Achse horizontal von links nach rechts, wobei er links langsam beginnt und nach rechts hin schneller wird!

c) diagonal von links unten nach rechts oben

★★

L 128: wie Aufgabe L126, nur ein bisschen komplizierter:

a) im Uhrzeigersinn entlang eines Quadrates mit horizontalen und vertikalen Seiten

b) im Uhrzeigersinn entlang eines Quadrates, dessen Seiten um 45° gegen die Horizontale geneigt sind

c) im Uhrzeigersinn auf einer Kreisbahn

★★

L 130: Ferdinand B. möchte den Leuchtfleck eines Oszilloskopes auf einem >-förmigen Weg wie abgebildet von links unten (⋆) nach links oben (∘) über den Bildschirm laufen lassen. Beschreibe durch $U(t)$-Diagramme (in verschiedenen Farben), mit welchen zeitlichen Verläufen der Spannungen U_X und U_Y für die horizontale bzw. vertikale Ablenkung man dies erreicht, wenn der Fleck ...

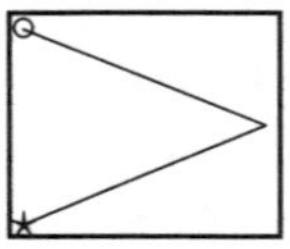

a) ... auf dem ganzen Weg dieselbe Geschwindigkeit haben soll!

b) ... in der oberen Bildhälfte eine höhere Geschwindigkeit haben soll!

★

L 132: Die elektrische Feldstärke E ist definiert als Kraft pro Ladung: $E := \frac{F}{Q}$. Leite her, dass für die Spannung U an einem Ablenk-Plattenpaar einer Braun'schen Röhre die Gleichung $U = E \cdot d$ gilt, wenn d den Abstand der Platten bezeichnet!

★

L 133: Begründe, warum elektrische Feldlinien weder Knicke noch Kreuzungen haben können!

★

L 134: Zeichne passende Feldlinien (mit Richtung) ein!

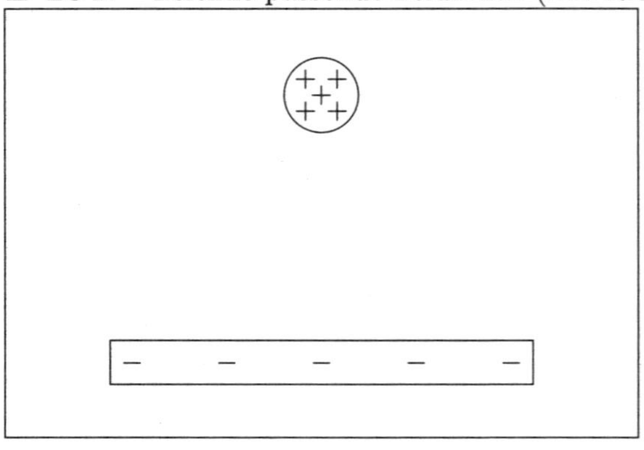

(G) Elektrische Größen

Stromstärke und Ladung

★

G 1: In einem Kleintierzirkus hat Dompteur Berthold es mit Hilfe einer betörenden Duftspur geschafft, 174 Ameisen (·) so zu dressieren, dass sie auf einem 8-förmigen Parcours schön brav hintereinander marschieren, wie es dieses Bild hier zeigt. Berthold zählt 2 Minuten lang, wie viele Ameisen über die Brücke (Ⓑ) laufen: 90 Ameisen.

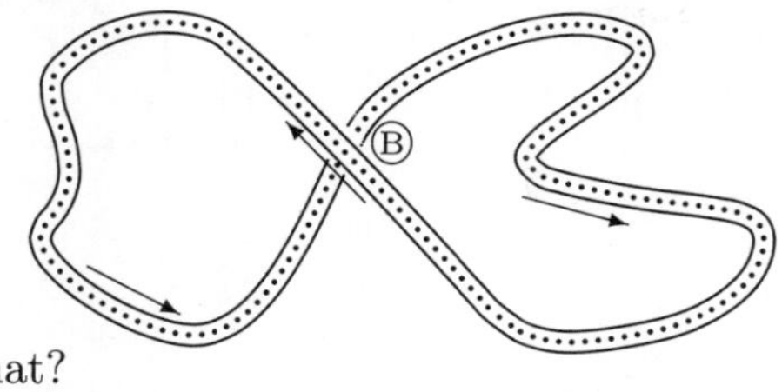

a) Wie viele Überquerungen sind es in einer Viertelstunde?

b) Wie lange dauert es, bis jede Ameise die Brücke einmal passiert hat?

c) Stelle eine Gleichung auf, die den Zusammenhang zwischen der Zähl-Zeitdauer t und der Anzahl N an gezählten Ameisen ausdrückt! Welche weitere Größe tritt darin auf? Wie könnte man sie nennen? Welchen Wert hat sie hier? Überprüfe Deine Ergebnisse in a) und b) mit Hilfe dieser Gleichung!

★

G 4: In welchen Einheiten könnte man die Stärke folgender Ströme an einer Messstelle angeben: Verkehrsstrom auf der A8, Saar, Gaspipeline, Energiefluss in einem Laserstrahl, Datenstrom in einem Netzwerkkabel

★

G 5: Beim „Sandstrahlen“ bläst man z.B. Sandkörner (meist aber Körner aus anderem Material) in einem schnellen Luftstrom gegen eine Oberfläche, die man säubern will. Die mit hoher Geschwindigkeit aufprallenden Körner sollen den Schmutz abschlagen. Durch die Düse eines Sandstrahlgebläses strömen dieser Aufgabe zuliebe in jeder Sekunde 80 000 Sandkörner, die jeweils 0,03 mg schwer sind.

a) Wie viel Gramm Sand versprüht das Gebläse pro Sekunde und pro Minute, wie viel Kilogramm pro Stunde?

b) Wie lange reicht ein Sandvorrat von 360 g? Wie lange reichen eine Milliarde Körner?

c) Ergänze den richtigen Term: Für die im Zeitraum t versprühte Masse M an Sand und die entsprechende Körneranzahl K gelten die Gleichungen: $M = \ldots ? \ldots$ bzw. $K = \ldots ? \ldots$

d) Welche Objekte und Größen in dieser Sandstrahl-Aufgabe entsprechen welchen beim elektrischen Strom?

G 6: Eine Batterie treibt 5 Stunden lang einen Strom von 140 mA durch ein Glühlämpchen an. Wie viel Ladung passiert dabei das Lämpchen?

G 8: Welche mittlere Stromstärke liegt vor, wenn 0,2 mC sich innerhalb von 8 µs entladen?

G 10: Wie lange dauert es, bis ein Strom der Stärke 2 A eine Ladung von 30 C transportiert hat?

G 12: Bei einem Gewitter entlade sich eine mit 1,6 C geladene Wolke in einem Blitz der mittleren Stärke 10 000 A. Wie lange dauert der Blitz?

G 14: Wie viel Ladung fließt durch eine Leitung wenn in ihr 7 s lang ein Strom der Stärke 2 A fließt?

G 16: Wie lange dauert es, bis ein Strom der Stärke 3,2 mA die Ladung 0,192 C transportiert hat?

G 17: Wie lange dauert es mindestens, bis ein Akkumulator mit 12 960 C aufgeladen ist, wenn der Ladestrom höchstens 0,15 A stark ist? Gib das Ergebnis alltagsüblich an!

★

G 18: Eine volle Auto-Batterie der Größe 50 Ah kann eine Ladung von 180 000 C abgeben.

a) Wie viele Stunden lang kann sie einen Strom der Stärke 5 A liefern?

b) Welche maximale Stromstärke kann sie eine Stunde lang liefern?

c) Erkläre die Abkürzung Ah in der Größenbezeichnung der Batterie!

G 20: Ein Gerät benötige eine Stromstärke von 0,6 A. Sein voller Akku könne das Gerät 3 h lang versorgen.

a) Wie viel Ladung fließt bei zweistündigem Betrieb durch das Gerät?

b) Wie lange dauert es, bis 72 C durch das Gerät geflossen sind?

c) Wie lange würde der volle Akku reichen, wenn das Gerät 200 mA bräuchte?

★

G 22: Unter der Stromdichte in einem Leiter versteht man die Stromstärke pro Querschnittsfläche. Welche Stromdichte wird in einem Kupferkabel als unbedenklich angesehen, wenn 1,5 mm^2 dicke Kupferleitungen im Haushalt mit Sicherungen bis zu 16 A abgesichert werden?

G 24: Welcher Strom ist stärker: Einer, in dem 2 µC in 4 ms durch einen Leiterquerschnitt von 2 mm^2 fließen, oder einer, der in 5 Minuten 135 mC durch einen 3 mm^2 dicken Leiter transportiert?

★

G 26: Welchen Querschnitt muss ein Kabel haben, durch das innerhalb von fünf Sekunden 200 C gleichmäßig fließen sollen, ohne dass die Stromdichte $8\,\frac{\text{A}}{\text{mm}^2}$ überschreitet?

★ **G 80:** In den folgenden Schaltplänen hat jede Batterie eine Spannung von 1,2 V. Welche Gesamtspannung ergibt sich jeweils zwischen den losen Enden?

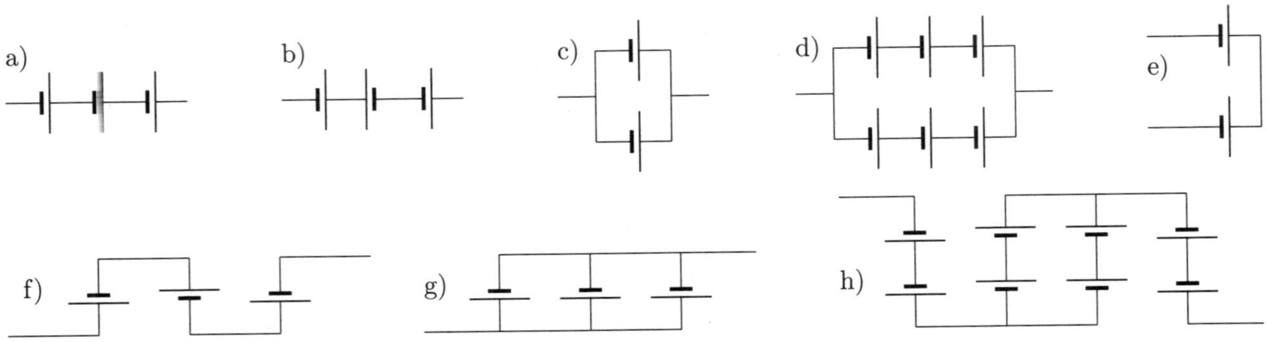

G 81: Zeichne einen Schaltplan, wie Du mit lauter 1,5 V-Batterien einen Motor mit 6 V versorgen kannst!

★ **G 82:** In allen Schaltungen dieser Aufgabe werden baugleiche Lämpchen mit baugleichen Batterien betrieben. Im einfachsten Fall bringt eine Batterie ein Lämpchen zum ordentlichen Brennen. (siehe →) Entwirf zwei unterschiedliche Schaltungen mit bis zu zwei Batterien, in denen zwei Lämpchen ordentlich brennen! Beschreibe jeweils auch die Anzeigen der Messgeräte im Vergleich zum einfachen Fall!

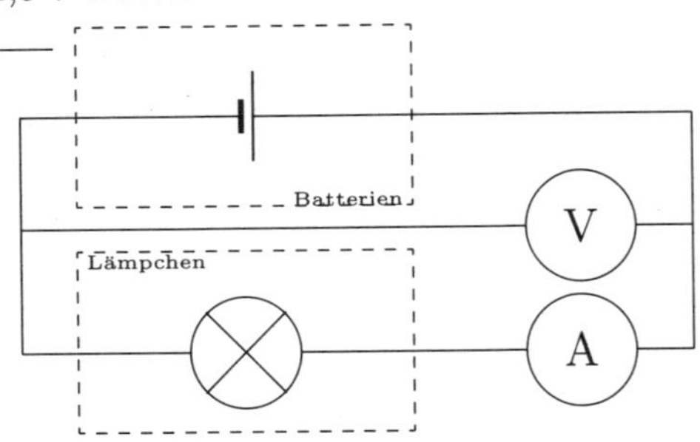

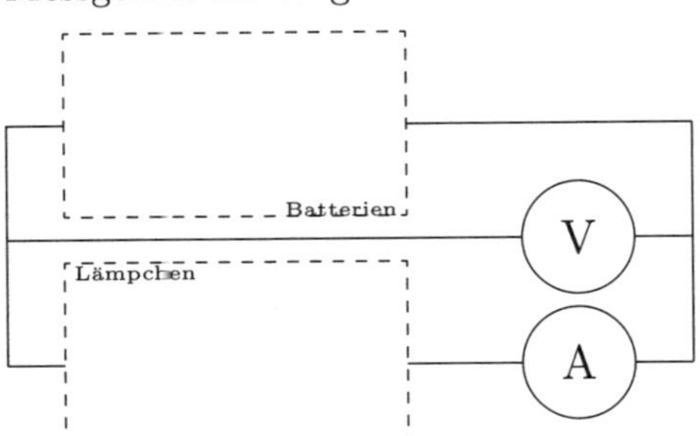

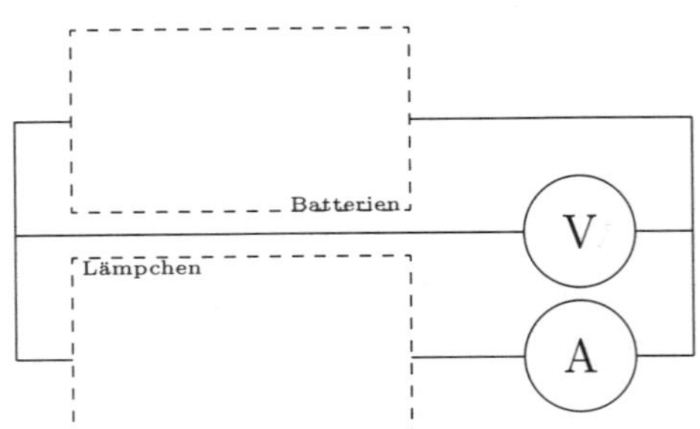

G 84: Drücke die Einheit Volt durch SI-Basis-Einheiten aus!

G 86: Eine 12 V-Autobatterie besteht aus sechs einzelnen Zellen, die jeweils eine Spannung von etwa 2 V abgeben. Wie sind diese Zellen geschaltet?

★ **G 88:** Zum Betrieb eines Lämpchens benötige man eine Spannung von 4 V. Wie viel Spannung ist nötig, um eine Serienschaltung (Parallelschaltung) aus fünf solcher Lämpchen zu betreiben? Begründe Deine Antwort durch eine Energiebetrachtung!

G 90: Wie viel Arbeit ist es, ein mit $1{,}3 \cdot 10^{-9}$ C geladenes Kügelchen von A nach B zu bringen, wenn die Spannung zwischen beiden Punkten 15 V beträgt?

G 92: In einer komplizierten elektrischen Schaltung hat der Punkt K ein Potenzial von 3,2 V. Wie viel Spannung besteht zwischen K und dem Punkt T, der ein Potenzial von 4,7 V hat?

★ **G 94:** In einem elektrostatischen Feld kostet es 20 μJ Energie, eine Probeladung von $5 \cdot 10^{-9}$ C vom Punkt A zum Punkt B zu bringen. Bringt man $8 \cdot 10^{-9}$ C vom Punkt C nach B, so verrichtet man 24 μJ Arbeit. Wie viel Energie wird umgesetzt, wenn man eine Probeladung von $3 \cdot 10^{-9}$ C von A nach C bringt? Wird die Energie aufgewandt oder gewonnen?

G 96: Eine 1,5 V-Batterie: „Heute habe ich 6 J gearbeitet!“ Wie viel Ladung hat sie bewegt?

G 140: Zeige, dass die Einheiten V · A und W identisch sind!

★

G 142: Beschreibe den Energieumsatz eines brennenden Glühlämpchens! Unterscheide zwischen dem Aufleuchten beim Einschalten und dem anschließenden Brennen mit gleichbleibender Helligkeit!

G 143: Eine moderne Elektrolokomotive leiste 6000 kW. Wie viel Strom fließt dabei durch ihren Stromabnehmer, wenn die Oberleitung 15 kV führt?

G 144: Wie lange braucht ein 1500 W starker Motor um 45 kJ zu arbeiten?

G 146: Welche Leistung hat ein Gerät, wenn bei 18 V Spannung 50 mA fließen?

★

G 148: Wie viel Energie wird umgesetzt, wenn bei einer Spannung von 30 V zwei Minuten lang ein Strom von 200 mA fließt?

★

G 150: Wie viele Kilowattstunden verbraucht eine handelsübliche 60 W-Glühbirne in einem gewöhnlichen Haushalt, wenn sie 30 Minuten lang brennt?

★

G 152: Ein Generator in einem mittelgroßen Kraftwerk erzeugt üblicherweise eine Klemmenspannung von 21 kV. Welche Leistung gibt der Generator ab, wenn er mit dieser Spannung einen Strom der Stärke 4500 A antreibt? (Tatsächlich hat jeder Generator in einem Kraftwerk drei „Klemmenpaare", erzeugt drei Wechselspannungen, treibt drei Ströme, „Drehstrom" genannt. Die Gesamtleistung des Generators ist also dreimal so groß wie nach der Aufgabenstellung zu berechnen.)

★

G 154: Die (Wechsel-)Spannung aus einer Steckdose ändert permanent ihren Wert. Daher ändert sich auch ständig die Stärke des (Wechsel-)Stromes durch einen angeschlossenen Verbraucher. Die Spannung 230 V und Stromstärken in der Wechselstromtechnik werden jedoch so als eine Art Mittelwert angegeben, dass damit die Formel $P = U \cdot I$ für viele Verbraucher stimmt.

a) Welche Stromstärke fließt durch eine 60-Watt-Glühbirne?

b) Die Sicherung eines Zimmers springt bei 16 A heraus. Wie viel Leistung dürfen alle gleichzeitig in diesem Zimmer betriebenen Geräte zusammen haben?

★

G 155: Eine Lampe verbraucht 45 W, wenn sie an eine 12 V-Batterie angeschlossen ist.
Sie brenne nun eine Minute lang.

a) Um wie viel Coulomb entlädt sich die Batterie in dieser Zeit?

b) Wie viel Energie gibt die Batterie in dieser Zeit ab?

G 156: Das Lämpchen einer Taschenlampe wird mit 3 V betrieben, wobei ein 400 mA starker Strom fließt.

a) Zeichne den zugehörigen Schaltplan mit zwei 1,5 V-Batterien!

b) Wie viel Leistung hat das Lämpchen?

c) Die Batterien sind nach 3 Stunden leer. Wie viel Energie haben sie in dieser Zeit abgegeben?

★

G 158: Welche Spannung liegt an einem Elektromotor mit 1,2 kW elektrischer Leistung an, wenn jedes Elektron auf seinem Weg durch den Motor $47{,}11 \cdot 10^{-18}$ J Energie verliert?

★

G 159: In einem Experiment zur Wärmelehre werden 200 ml Wasser erwärmt, indem man vier Minuten lang 5 A durch einen Heizdraht fließen lässt, der einen Widerstand von 6 Ω hat. Wie viel Energie wird dabei umgesetzt?

★★

G 160: Plane einen Versuch zur Bestimmung der mechanischen Arbeit oder Leistung, die ein elektrischer Strom leistet! (Aufbau, Durchführung, Messgrößen, Auswertung)
Dabei soll die Arbeit sein: a) Hubarbeit b) Beschleunigungsarbeit c) Reibungsarbeit

G 220: Durch einen bestimmten Widerstand fließen 42 A, wenn man 210 V an ihn anlegt.

a) Wie groß ist der Widerstand?

b) Welche Leistung wird an ihm umgesetzt?

G 222: Welche Spannung ist nötig, um 3,6 A durch einen Widerstand von 470 Ω zu treiben?

G 224: Ein 400 g schwerer Elektromotor wird von 2 A durchflossen, wenn er an eine 12 V-Batterie angeschlossen wird. Berechne seinen Widerstand!

G 226: Wie viel Volt sind erforderlich, um 20 mA durch ein Gerät mit 2 kΩ Widerstand zu treiben?

G 228: Wie viel Strom fließt durch ein Gerät mit 30 Ω, das mit 15 V betrieben wird?

★

G 230: Kennlinien

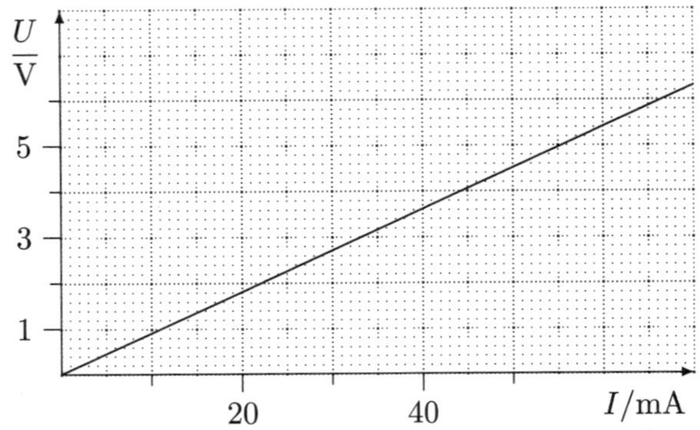

a) Welchen Widerstand hat das Bauteil mit dieser Kennlinie?

b) Zeichne die Kennlinie eines Bauteils mit 120 Ω dazu!

★

G 232: Ein Widerstand der Spezifikation „80 Ω ± 10%“ wird an 39,6 V angeschlossen. In welchem Wertebereich müsste sich die Stromstärke einstellen?

★

G 234: Kombiniere die Formeln $R = \frac{U}{I}$ und $P = U \cdot I$ so, dass Du eine Formel für die Leistung erhälst, in der außer dem Widerstand nur noch die ... a) ... Stromstärke ... b) ... Spannung ... ... auftritt!

★

G 236: Ein Tauchsieder mit 46 Ω Widerstand wird 15 Minuten lang mit einer Spannung von 230 V betrieben.

a) Wie viel Kilowattstunden (kWh) Energie werden dabei umgesetzt?

b) Um wie viel Grad Celsius könnte man damit 5 l Wasser erwärmen?

★

G 238: Eine Glühlampe trägt diese Aufschrift: 230 V / 100 W
Was bedeutet das? Welchen Widerstand hat die Glühlampe?

★★

G 240: Ein in Wasser getauchtes Heizdrähtchen hat einen Widerstand von 12 Ω. Welche Spannung muss man an dieses Drähtchen anlegen, damit es eine 50 ml große Wassermenge innerhalb von 5 min von 15 °C auf 65 °C erwärmen kann?

G 242: Mit den hier abgebildeten Bauteilen soll der Widerstand eines Glühlämpchens gemessen werden.

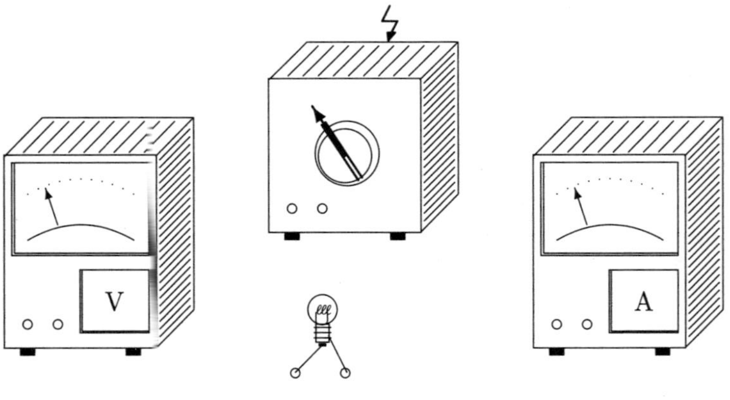

a) Zeichne deutlich eine dazu taugliche Verkabelung ein!

b) Zeichne rechts daneben ein entsprechendes Schaltbild mit üblichen Symbolen!

c) Wie groß ist der gesuchte Widerstand, wenn man beim Anlegen von 8 V eine Stromstärke von 2 A misst?

★

G 300: An eine Auto-Batterie (12 V) sind bei einer nächtlichen Fahrt parallel zwei Scheinwerfer-Lampen zu je 45 W und zwei Rückleuchten zu je 5 W angeschlossen. Welche Stromstärke fließt insgesamt durch die 4 Lampen?

G 302: Welchen Widerstand hat eine 60 W-Glühlampe für das 230 V-Netz bei normalem Betrieb?

G 304: An einen ohmschen Widerstand von 3300 Ω wird eine Spannung von 24 V gelegt. Wie lange dauert es, bis in ihm eine Energie von 1 Joule umgesetzt worden ist?

G 306: Beim Entladen einer Batterie durch Kurzschluss fließe $1\frac{1}{2}$ min lang ein Strom der Stärke 2,4 kA. Wie viel Ladung war in der Batterie?

★

G 308: Eine elektrische Kochplatte wird mit 400 V betrieben. Es fließt dabei ein Strom der Stärke 3 A. Auf der Platte steht ein Topf mit 1,2 l Wasser. Wie lange dauert es mindestens, bis das Wasser von 20 °C auf 80 °C erwärmt ist? Warum dauert es tatsächlich doch länger?

★

G 310: Über einen wiederaufladbaren Akkumulator

a) Was bedeutet seine Beschriftung 1,2 V / 800 mAh ?

b) Wie lange kann man mit diesem Akku ein 1,2 V-Lämpchen betreiben, das dem Akku 400 mA entnimmt?

c) Wie viel Energie lässt sich in diesem Akku speichern?

★

G 311: Auf welchen Bruchteil sinkt die Leistung an einem Widerstand, wenn man die Stromstärke drittelt?

★

G 312: Wie ändert sich die Leistung, wenn bei konstantem Widerstand die Spannung ...

a) ... verdreifacht wird?

b) ... um 10% erhöht (erniedrigt) wird?

★

G 314: Einen an 230 V angeschlossenen Tauchsieder durchfließen 4 A. Wie lange dauert es, mit diesem Tauchsieder 180 ml Wasser von 20 °C auf 90 °C zu erhitzen?

★

G 316: Auto-Batterien bestehen in der Regel aus sechs Blei-Akkumulator-Zellen, die jeweils eine Spannung von 2 V haben. Die Klemmenspannung der Batterie beträgt 12 V. In Gustavs Automobil ist eine solche Batterie der Größe 50 Ah eingebaut.

a) Gustav ist gestern abend nach Kuala Lumpur geflogen. Er hat um 23^{00} sein Fahrzeug am Flugplatz geparkt und die Standbeleuchtung (bestehend aus vier Lämpchen der Spezifikation „12 V/5 W“) angelassen.

 i ▷ Wann geht diese Beleuchtung spätestens von selbst aus?

 ii ▷ Wo liegt Kuala Lumpur?

b) Zeichne den Schaltplan mit den einzelnen Zellen der Batterie und den einzelnen Lämpchen der Standbeleuchtung!

c) Wie viele Elektronen treten beim vollständigen Entladen der Batterie aus deren Minuspol aus?

d) Berechne den Widerstand eines Lämpchens der Standbeleuchtung!

★

G 318: Um wie viel Prozent nimmt die Leistung einer Kaffeemaschine ab, wenn man bei gleichbleibendem Widerstand die Spannung um 20% absenkt?

G 320: Fülle folgende Tabelle wie in den Musterzeilen aus!

Größen-Name	G.-Symbol	Definitionsgleichung	Einheiten-Name	E.-Symbol
Zeit	t	(keine, da Basisgröße)	Sekunde	s
Arbeit	W	$W = F \cdot s$	Joule	J
	Q			
	U			
	I			
	R			
	P			

★

G 322: Ein Ladungsmenge von 90 C strömt durch ein Kabel.

a) Wie lange dauert dieser Vorgang bei einer Stromstärke von 15 mA?

b) Wie viel Energie wird dabei umgesetzt, wenn über dem Kabel eine Spannung von 2 mV anliegt?

G 324 Ein Paar heiße Fragen:

a) Welchen Widerstand hat ein Tauchsieder, durch den 500 mA fließen, wenn man ihn an 25 V anschließt?

b) Wie viel Strom fließt durch ein Bügeleisen, wenn es bei einer anliegenden Spannung von 230 V eine Leistung von 920 W umsetzt?

c) Welche elektrische Leistung nimmt ein Bügeleisen auf, wenn es bei einer Spannung von 230 V von einem Strom der Stärke 4 A durchflossen wird?

G 326: Noch ein paar kurze Fragen:

a) Wie viel Spannung muss man an einen Tauchsieder mit 50 Ω Widerstand legen, damit 500 mA fließen?

b) Wie viel Arbeit verrichtet eine 3 V-Batterie, wenn sie Ladungsträger mit einer Gesamtladung von 2 C von einem ihrer Pole zum anderen befördert?

c) Wie lange dauert es, dass ein Strom von 2 A die Ladung 3 C durch einen Leiterquerschnitt transportiert?

G 328: Eine 3 V-Batterie treibe 20 s lang einen Strom der Stärke 600 mA durch ein 140 g schweres Spielzeug-Auto an. Wie viel …

a) … Arbeit verrichtet die Batterie dabei?

b) … Ladung wurde ihr dabei entnommen?

G 330: Unterscheide: Wie lautet das ohmsche Gesetz? Wie ist ohmscher Widerstand definiert?

★

G 332: Trage jeweils in das Kästchen auf diesem Blatt für die erfragte Größe ein: das übliche Größensymbol, einen passenden Formelterm und den Wert (Maßzahl und Einheit)!

Beispiel) Welchen Umfang hat ein Kreis mit 5 cm Radius? $U = 2\pi \cdot r = 31{,}416\,\text{cm}$

a) Wie lange dauert es, bis ein Strom der Stärke 4 A eine Ladung von 20 C transportiert hat?

b) Wie viel Strom fließt durch einen 50 Ω-Widerstand, wenn man ihn an 30 V anschließt?

c) Wie viel Energie spart es, wenn man zwei Stunden lang statt einer 60 W-Glühbirne eine Sparlampe mit 10 W brennen lässt?

★

G 333: wie Aufgabe G332

a) Welchen Widerstand hat eine Lampe, durch die 0,3 A fließen, wenn man sie an 24 V anschließt?

b) Bei einer Elektrolyse fließen zwanzig Sekunden lang 250 mA. Wie viel Ladung geht durch die Apparatur?

c) Wie viel Energie wird umgesetzt, wenn 20 C bei 3000 V bewegt werden?

★

G 334: wie Aufgabe G332

a) Wie viel Spannung fällt über einem Tauchsieder ab, wenn dieser 150 Ω hat und von 2,5 A durchflossen wird?

b) Eine Glühlampe verbraucht 45 W, wenn sie an eine 12 V-Batterie angeschlossen ist. Wie viel Strom fließt durch sie?

c) Wie viel Leistung wird in einer elektrischen Heizung mit 90 Ω Widerstand umgesetzt, wenn man sie an 150 V anschließt?

★

G 335: wie Aufgabe G332

a) Wie viel Strom fließt, wenn eine 46 W-Leuchte an 230 V betrieben wird?

b) Welchen Widerstand hat eine Maschine, die an 230 V angeschlossen nur 23 W leistet?

c) Wie lange muss eine 5 V-Batterie einen 0,02 A starken Strom antreiben, damit sie ein ganzes Joule abgibt?

★

G 336: wie Aufgabe G332

a) Wie viel Spannung erzeugt eine Batterie, die bei der Abgabe von $\frac{1}{2}$ C eine Energie von 3 J umsetzt?

b) Wie viel Energie wird umgesetzt, wenn 4 min lang ein Strom der Stärke 5 A durch einen 6 Ω-Widerstand fließt?

c) Wie viel Arbeit ist es, eine Ladung von 4 C von A nach B zu bringen, wenn dazwischen 50 V herrschen?

★

G 338: wie Aufgabe G332

a) Durch eine Leuchte fließen 200 mA, wenn sie mit 230 V betrieben wird. Welchen Widerstand hat sie?

b) Eine Kilowattstunde ist so viel Arbeit, wie eine Stunde lang ein Kilowatt zu leisten. Wie viel Joule sind das?

c) Welche durchschnittliche Stromstärke ergibt sich, wenn eine Ladung von 20 μC innerhalb von 5 μs abfließt?

★

G 340: wie Aufgabe G332

a) Mit welcher Leistung arbeitet Peter, wenn er in zwei Minuten 3 kJ arbeitet?

b) Eine Amperestunde ist so viel Ladung, wie ein Strom von 1 A in einer Stunde transportiert. Wie viel Coulomb sind das?

c) Eine Glühbirne, die gerade von 400 mA durchflossen wird: „Jetzt schluck' ich 30 W.“ Welche Spannung liegt an?

★

G 342: wie Aufgabe G332

a) Um wie viel steigt die Stromstärke, wenn an einem 50 Ω-Widerstand die Spannung um 10 V erhöht wird?

b) Wie viel Coulomb gibt eine Batterie ab, wenn sie eine Stunde lang 200 mA liefert?

c) Bei welcher Stromstärke werden an einem 40 Ω-Widerstand 360 W geleistet?

(S) Elektrische Schaltungen

Knoten- und Maschenregel

S -10: Hier siehst Du eine besondere Rennstrecke: Start und Ziel sind auf dem Parkplatz P, wo es auch eine Tankstelle gibt. Auf der Strecke gibt es Verzweigungen, an denen die Fahrer ihre weitere Route wählen können. Die kürzeren Routen sind nicht unbedingt die besten. Ein guter Fahrer berücksichtigt die Beschaffenheit des Straßenbelags, Steigungen und Engstellen, sowie auch das aktuelle Verkehrsaufkommen und die Wetterlage. Für diese Aufgabe haben sich an die Stellen Ⓐ, Ⓑ, ... Leute hingesetzt und während eines ganzen Rennens die vorbeifahrenden Autos gezählt. Alle Autos, die vom Parkplatz losgefahren sind, sind auch wieder dorthin zurückgekehrt. Niemand ist gegen die vorgeschriebene Richtung gefahren, niemand hat sich verzählt.

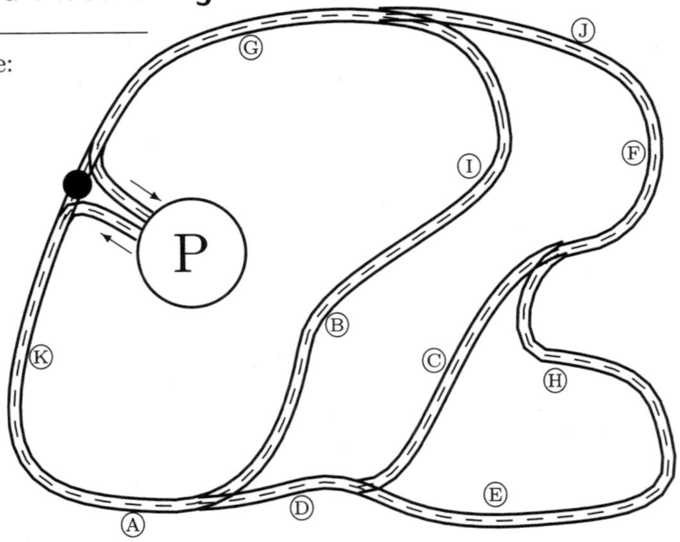

Ergänze die Tabelle mit den richtigen Zahlen!

Stelle	Ⓐ	Ⓑ	Ⓒ	Ⓓ	Ⓔ	Ⓕ	Ⓖ	Ⓗ	Ⓘ	Ⓙ	Ⓚ
Autos		293	45							179	

S -8: Das obige Bild zeigt jetzt nicht mehr Straßen, sondern mit Wasser gefüllte Rohre. Der Parkplatz P ist jetzt eine Pumpe, die das Wasser in Pfeilrichtung antreibt. An den Stellen Ⓐ, ... sind Wasseruhren montiert, die den Durchluss in der Einheit Liter/Minute messen. Ergänze wieder!

Stelle	Ⓐ	Ⓑ	Ⓒ	Ⓓ	Ⓔ	Ⓕ	Ⓖ	Ⓗ	Ⓘ	Ⓙ	Ⓚ
Liter/Min.	50			35				10			

S -2: Hier siehst Du einen Rohrkreislauf, durch den eine Pumpe P Luft treibt. Die Pumpe saugt die Luft aus dem Rohrabschnitt rechts von ihr und drückt sie in den Rohrabschnitt links von ihr. Durch die dicken Rohre könne die Luft sich ungehemmt bewegen, durch die Engstellen nur sehr schwer. Die dicken Rohrabschnitte bilden deshalb zwischen den Engstellen einige zusammenhängende Räume, in denen jeweils durchgehend ein bestimmter Druck herrscht. (Wir sehen von einem Schweredruck ab.)

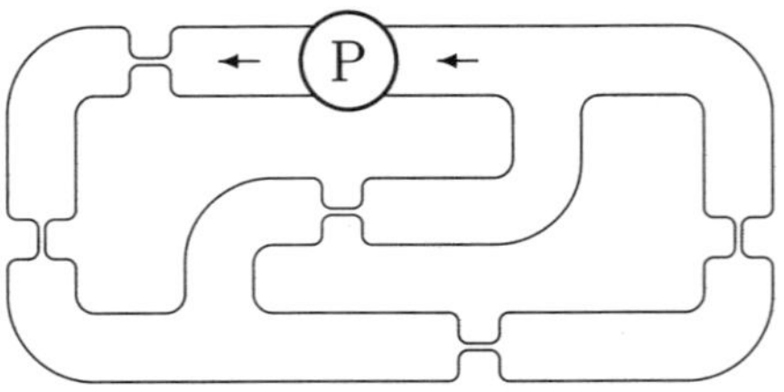

Jede Engstelle grenzt zwei dieser Räume voneinander ab, allerdings nur wie eine kaputte Dichtung, durch die doch immer etwas Luft aus dem Raumgebiet mit höherem Druck in den mit niedrigerem zischt, und zwar dem Druckunterschied entsprechend mehr oder weniger heftig. Wie viele Druckgebiete sind es? Färbe sie dem Druck entsprechend unterschiedlich! (z.B. mit steigendem Druck in weiß-gelb-orange-rot-violett-...-Tönen)

S -1: Diese Schaltung entspricht dem Kreislauf in Aufgabe S-2. Färbe entsprechend und setze im folgenden Text die passenden Wörter ein!

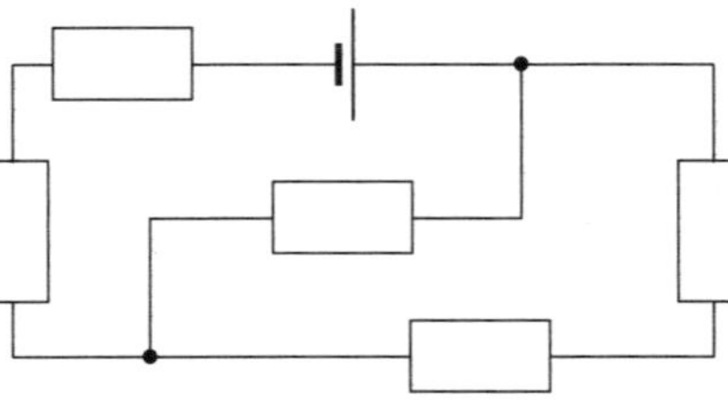

Hier siehst Du eine [1→], durch die ein [2→] [3→] treibt. Es saugt sie aus der [4→] rechts von ihm und drückt sie in diejenige links von ihm. Durch die [5→] können die [6→] sich ungehemmt bewegen, durch die [7→] nur sehr schwer. Die [8→] bilden deshalb zwischen den [9→] einige zusammenhängende Räume, in denen jeweils durchgehend ein bestimmtes sogenanntes elektrisches [10→] herrscht. Jeder [11→] R grenzt zwei dieser Räume voneinander ab, allerdings nur wie eine kaputte [12→], durch die doch immer [13→] aus dem einem Raumgebiet in das andere strömen, und zwar der Potenzial-[14→] (=[15→] U) entsprechend in mehr oder weniger hoher [16→] $I = U/R$.

Zur Auswahl stehen: [Differenz] [Elektronen] [Elektronen] [Elektronen] [Isolation] [Leitung] [Leitungen] [Leitungen] [Netzgerät] [Potenzial] [Schaltung] [Spannung] [Stromstärke] [Widerstand] [Widerstände] [Widerständen]

Serienschaltung

Z ★

S 0: Dieses Bild zeigt im Prinzip, wie ein Schleuse aufgebaut sein könnte. (siehe auch GeoGebra-Simulation „Schleuse“) Die Wasserstände („Pegel“) links und rechts seien unveränderlich hoch. Der Pegel in der Schleusenkammer dazwischen variiert je nachdem, wie weit ihre Zu- und Abflüsse geöffnet sind. (hier unrealistisch als Schütze in den Schleusentoren gezeichnet) Die Pfeile geben mit ihrer Größe an, wie stark das Wasser gerade durch diese Öffnungen strömt. Die Öffnungen bleiben in dieser Aufgabe unverändert weit offen.

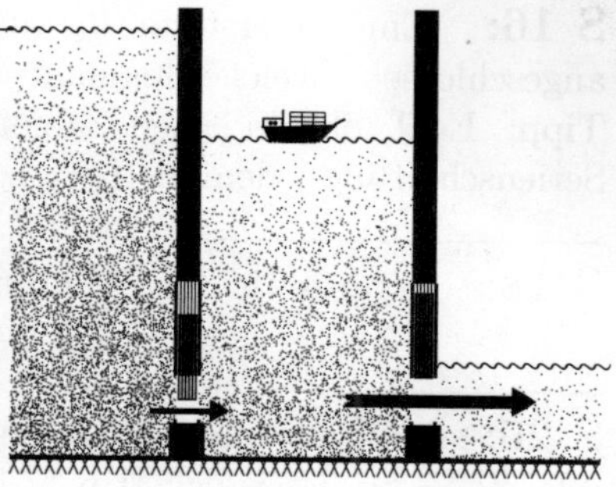

a) Welche beiden Ursachen hat es, dass momentan rechts mehr Wasser aus der Kammer herausströmt als links hinein?

b) Wie wird sich der Pegel in der Kammer dadurch verändern?

c) Welche Auswirkung hat das auf die Strömungen links und rechts?

d) Wie wird sich der Pegel in der Kammer langfristig entwickeln?

★★

S 2: Ein Luftrohr ist an zwei Stellen [1] und [2] ausgeweitet und mit unterschiedlich dicht gepresster Stahlwolle gefüllt. Während der Luftstrom in den Leitungsstücken L, M und R kaum gehemmt wird, wird er in [1] und [2] stark behindert. Bei gleicher Druckdifferenz zwischen den Anschlüssen der jeweiligen Ausweitung ströme durch [1] nur halb so viel Luft pro Zeit wie durch [2]. Die Stromstärke wachse bei beiden proportional mit der Druckdifferenz.

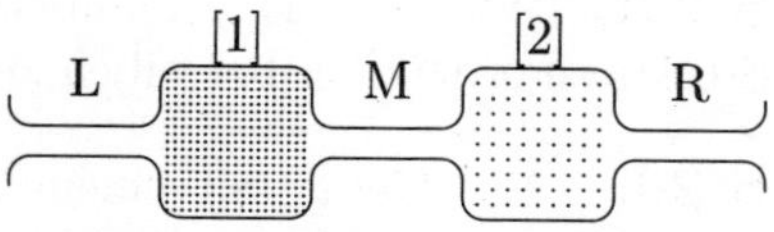

An den offenen Enden seien Pumpen angeschlossen, die im Rohrabschnitt L konstant 10 bar Druck halten und im Abschnitt R 1 bar. Zu Beginn herrsche im Abschnitt M ein Druck von 2 bar.

a) Berechne die anfänglichen Druckdifferenzen über [1] und [2]!

b) Durch welchen Abschnitt [1] oder [2] strömt anfänglich mehr Luft?

c) Wie ändern sich dadurch Luftmenge und Druck im Abschnitt M?

d) Wie ändern sich dadurch die Stromstärken durch [1] und [2]?

e) Welcher Druck stellt sich langfristig in M ein?

★

S 4: Bearbeite Aufgabe S2 für einen anfänglichen Druck von 9 bar in M!

S 6: Zwei Widerstände $R_1 = 200\,\Omega$ und $R_2 = 300\,\Omega$ sind seriell an ein Netzgerät mit $U = 120\,\text{V}$ angeschlossen.

a) Zeichne ein entsprechendes Schaltbild!

b) Berechne den Gesamtwiderstand der Schaltung und zeichne ein entsprechendes Ersatzschaltbild!

c) Berechne die Stromstärke, die das Netzgerät liefert!

d) Welche Stromstärken und Spannungen misst man an den einzelnen Widerständen?

S 8: Berechne alle Teil-Stromstärken und -Spannungen in einer Serienschaltung aus $R_A = 180\,\Omega$ und $R_B = 470\,\Omega$ bei einer Gesamtspannung von 130 V!

S 10: Es werde eine Serienschaltung aus $R_1 = 160\,\Omega$, $R_2 = 320\,\Omega$ und $R_3 = 400\,\Omega$ betrachtet, die an eine Spannung 110 V angeschlossen sei.

a) Berechne den Gesamtwiderstand und die Gesamtstromstärke! Falls Du einen Tipp brauchst: Die Kombination aus R_1 und R_2 könnte man sich durch ihren Ersatzwiderstand ersetzt denken.

b) Berechne alle Teilspannungen U_1, U_2 und U_3!

★

S 12:

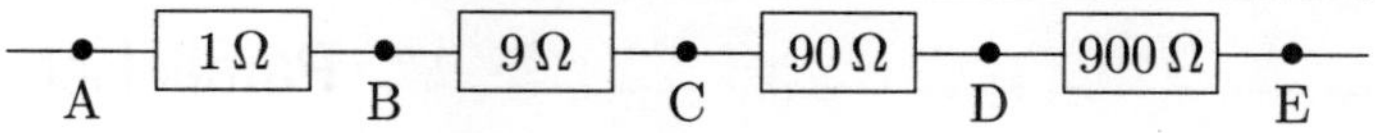

a) An den abgebildeten Leiterstrang (d.h. zwischen A und E) wird eine Spannung von $U_{AE} = 400\,\text{V}$ angelegt. Welche Spannungen herrschen dann über den Abschnitten A-B, A-C und A-D?

b) Entwirf eine mit 24 V gespeiste Schaltung, in der man auch 12 V und 5 V abgreifen kann! Benutze möglichst wenige Widerstände!

★

S 14: Wie viel Spannung muss man an eine Serienschaltung aus $R_1 = 60\,\Omega$ und $R_2 = 90\,\Omega$ legen, damit …

a) …ein Gesamtstrom von 200 mA fließt?

b) …durch R_1 ein Strom von 200 mA fließt?

c) …an R_1 eine Spannung von 20 V abfällt?

d) …an R_1 eine Leistung von 20 W umgesetzt wird?

★

S 16: Ein Widerstand R_1 wird mit einem Widerstand $R_2 = 4 \cdot R_1$ in Serie an eine Spannung von 10 V angeschlossen. Welche Spannung fällt über R_1 ab?
Tipp: Egal, ob Du einen Zahlenwert für die Stromstärken kennst oder berechnen kannst, es muss bei der Serienschaltung jedenfalls $I_1 = I_{ges}$ sein. Es gilt außerdem immer $I_x = \frac{U_x}{R_x}$. …

S 18: Ergänze richtig: Wenn man n gleiche Widerstände in Serie schaltet, so ist der Gesamtwiderstand

....

★

S 20: Zeige allgemein: Bei einer Serienschaltung verhalten sich die Teil-Spannungen wie die Teil-Widerstände, d.h. $\frac{U_1}{U_2} = \frac{R_1}{R_2}$. (Beispiel: Am 17-fachen Widerstand fällt die 17-fache Spannung ab.)

★

S 22: Zwei baugleiche Glühlämpchen, die jeweils für eine Betriebsspannung von 12 V ausgelegt sind, werden in Serie an eine 12 V-Batterie geschaltet. Was ist warum zu beobachten?

S 24: Wie viele 11 V-Lämpchen müsste man in Serie zusammenschalten, um den ganzen Strang an einer Steckdose ordentlich betreiben zu können?

★

S 26: Ein Gerät mit einem ohmschen Widerstand von 42 Ω darf nur an Spannungen bis höchstens 9 V angeschlossen werden. Es steht als Spannungsquelle jedoch nur eine 12 V-Batterie zur Verfügung. Zeichne ein Schaltbild, wie das Gerät mit dieser Batterie und einem Vorwiderstand gefahrlos betrieben werden kann! Berechne den erforderlichen Vorwiderstand!

★

S 28: Ein Widerstand von 100 Ω wird mit einem Widerstand von x Ω in Serie an eine Spannung von 50 V angeschlossen.

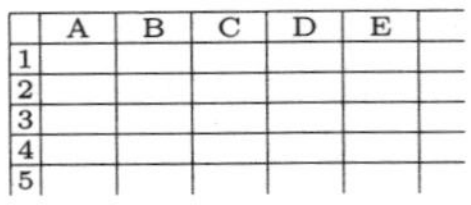

a) Welche Werte kann die Stromstärke je nach x annehmen?

b) Stelle in einem Diagramm dar, wie die Stromstärke von x abhängt!

★

S 30: Um Temperaturen elektrisch zu messen schließt ein Physik-Lehrer zwei baugleiche Widerstände $R_{1,2}$ in Serie an eine Batterie. Er misst den Spannungsabfall über dem zimmerwarm gehaltenen R_1 und verwendet R_2 als Sensor. Wie ändert sich die Spannungsanzeige, wenn er den Sensor nun in das flüssige Wachs eines Teelichtes hält und der Sensor bei einer Erwärmung den Strom schlechter leitet?

★★

S 32:

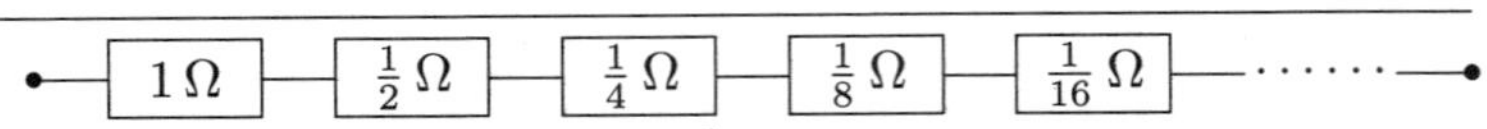

a) Wie entwickelt sich der Gesamtwiderstand, wenn man zu 1 Ω zunächst $\frac{1}{2}$ Ω seriell dazuschaltet, dann ein weiteres $\frac{1}{4}$ Ω dazu, ein weiteres $\frac{1}{8}$ Ω, $\frac{1}{16}$ Ω usf.?

b) Wie ist es bei der Ohm-Folge $1, \frac{1}{10}, \frac{1}{100}, \frac{1}{1000}, \ldots$?

c) Wie ist es bei $1, \frac{2}{3}, \frac{4}{9}, \frac{8}{27}, \left(\frac{2}{3}\right)^4 \ldots$?

★

S 34: Beschreibe die Anzeigen der beiden idealen Voltmeter und des idealen Amperemeters bei offenem und bei geschlossenem Schalter!

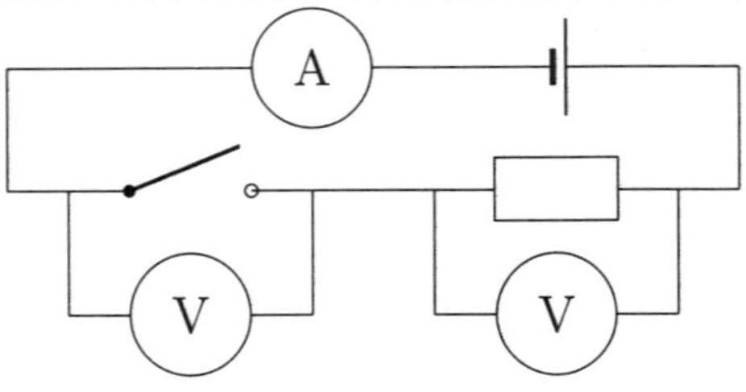

S 36: Eine Sorte Lämpchen ist dazu gedacht, mit 1,8 V betrieben zu werden, wobei dann 30 mA fließen. Entwickele einen Vorschlag, wie man unter Verwendung eines zusätzlichen Widerstandes zwei dieser Lämpchen ohne Risiko an einer 4,5 V-Batterie betreiben kann!

Parallelschaltung

★

S 78: Man kann auf verschiedenen Wegen von Ⓢtartlingen nach Ⓩielhausen kommen: Landstraße, Wanderweg, Autobahn, Eisenbahn, Luftweg. Jeder Weg kostet auf seine Weise etwas: Zeit, Geld, Nerven, CO_2-Abdruck, Energie, … – und das zum Teil auch abhängig davon, wie viele andere Leute gleichzeitig denselben Weg benutzen. Schreibe ein paar Gedanken auf zu den Fragen: Warum können Kosten eines Weges steigen, wenn mehr Leute ihn benutzen? Was tun Leute, wenn ein Weg teurer wird? Was hat das mit elektrischem Strom zu tun?

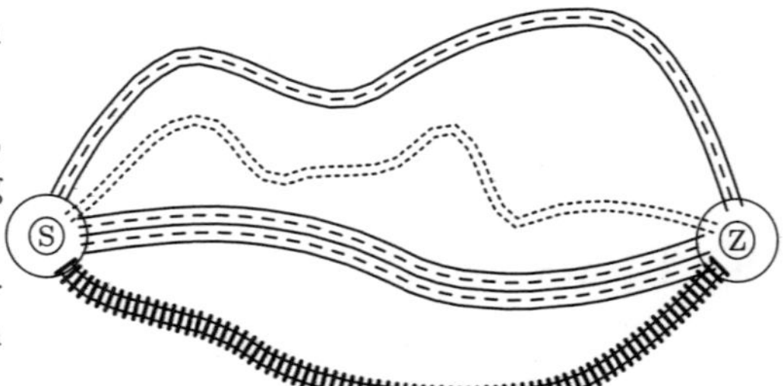

S 79: Aus zwei Widerständen $R_G = 150\,\Omega$ und $R_K = 100\,\Omega$ werden die beiden nebenstehenden Schaltungen aufgebaut und jede davon mit ihren beiden dicken Punkten an eine Batterie angeschlossen, welche die Schaltung mit 30 V versorgt. Benenne jeweils die Art der Zusammenschaltung! Bestimme jeweils die Stromstärke I_K durch R_K und die Spannung U_K, die über R_K abfällt!

a)

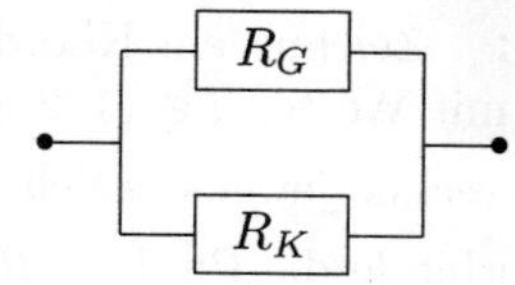

b)

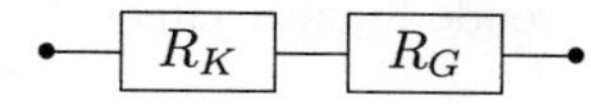

S 80: Zwei Widerstände $R_1 = 200\,\Omega$ und $R_2 = 300\,\Omega$ sind parallel an $U = 120\,\text{V}$ angeschlossen.

a) Zeichne ein entsprechendes Schaltbild!

b) Berechne den Gesamtwiderstand der Schaltung und zeichne ein entsprechendes Ersatzschaltbild!

c) Berechne die Stromstärke, die die Quelle liefert!

d) Welche Stromstärken und Spannungen misst man an den einzelnen Widerständen?

S 82: Berechne alle Teil-Stromstärken und -Spannungen in einer Parallelschaltung aus $R_A = 470\,\Omega$ und $R_B = 582\,\Omega$ bei einer Gesamtspannung von 130 V!

★

S 84: Zeige allgemein: Bei einer Parallelschaltung verhalten sich die Teil-Ströme umgekehrt wie die Teil-Widerstände, d.h. $\frac{I_1}{I_2} = \frac{R_2}{R_1}$. (Beispiel: Durch den 17-fachen Widerstand fließt nur eine 17-tel Stromstärke)

S 86: In jedem Feld nebenstehender Tabelle soll der Widerstand der Parallelschaltung aus den beiden Widerständen stehen, die am Zeilenanfang bzw. im Spaltenkopf stehen. (alle Angaben in Ω) (→ Tabellenkalkulation?)

	10	20	
30			
50			
100			37,5

S 88: Es werde eine Parallelschaltung aus $R_1 = 150\,\Omega$, $R_2 = 300\,\Omega$ und $R_3 = 400\,\Omega$ betrachtet, die an eine Spannung 900 V angeschlossen sei.

a) Berechne den Gesamtwiderstand und die Gesamtstromstärke! Falls Du einen Tipp brauchst: Die Kombination aus R_1 und R_2 könnte man sich durch ihren Ersatzwiderstand ersetzt denken.

b) Berechne alle Teilströme I_1, I_2 und I_3!

S 90: Welcher Ersatzwiderstand ergibt sich, wenn man die Widerstände $40\,\Omega$ und $60\,\Omega$ ...

a) ... seriell zusammenschaltet?

b) ... parallel zusammenschaltet?

S 92: Welcher Gesamtwiderstand ergibt sich, wenn man die Widerstände $10\,\Omega$, $200\,\Omega$ und $3000\,\Omega$ ...

a) ... hintereinander schaltet?

b) ... parallel schaltet?

S 94: Welchen Widerstand muss man zu $1000\,\Omega$ parallel dazuschalten um insgesamt $999\,\Omega$ zu erhalten?

★

S 96: Wie viel Spannung muss man an eine Parallelschaltung aus $R_1 = 60\,\Omega$ und $R_2 = 90\,\Omega$ legen, damit ...

a) ... ein Gesamtstrom von 200 mA fließt?

b) ... durch R_1 ein Strom von 200 mA fließt?

c) ... an R_1 eine Spannung von 20 V abfällt?

d) ... an R_1 eine Leistung von 20 W umgesetzt wird?

★

S 98: Ein Widerstand R_1 wird mit einem Widerstand $R_2 = 4 \cdot R_1$ parallel geschaltet. Nach Anlegen einer geeigneten Spannung fließen insgesamt 10 A. Berechne die Stromstärke durch R_1! Tipp: Egal, ob Du einen Zahlenwert für die Stromstärken kennst oder berechnen kannst, es muss bei der Parallelschaltung jedenfalls $U_1 = U_{ges}$ sein. Es gilt außerdem immer $I_x = \frac{U_x}{R_x}$. ...

★

S 100: Ein Kronleuchter für unser gewöhnliches 230 V-„Lichtnetz" enthält acht 25 W-Glühlämpchen. Welche Stromstärke herrscht in der Zuleitung des Leuchters?

S 102: Die Elektronik-Bastlerin Flora hat in einer Schaltung einen Widerstand von $470\,\Omega$ eingelötet. Leider erweist sich dieser Widerstand später als zu groß, kann jedoch wegen Unzugänglichkeit nicht mehr einfach ersetzt werden. Flora könnte jedoch einen anderen Widerstand parallel dazulöten. Wie groß müsste dieser Zusatzwiderstand sein, damit der Gesamtwiderstand $330\,\Omega$ beträgt?

★

S 104: Zeichne ein Koordinatensystem mit 1 cm$\hat{=}$10 Ω. Markiere auf der x-Achse die Widerstände $R_i = i \cdot 20\,\Omega$ mit Werten $i \in \{1, 2, 3, 4, 5, 6\}$, und markiere auf der y-Achse den Widerstand $R_Y = 60\,\Omega$!

a) Berechne jeweils, welchen Ersatzwiderstand man erhält, wenn man R_i mit R_Y parallel schaltet!

b) Verbinde die Punkte $(R_i|0)$ jeweils mit $(0|R_Y)$! Was fällt Dir auf, wenn Du noch die erste Winkelhalbierende hinzuzeichnest?

★

S 106: Lege mit einer dynamischen Geometrie-Software eine Konstruktion an, die zu (möglichst bequem) vorgebbaren Widerständen R_1 und R_2 deren Ersatzwiderstand bei Parallelschaltung ermittelt! (Wie das geht, kannst Du anhand von Aufgabe S104 sehen. Eventuell hilft Dir auch Aufgabe O386 auf Seite 12.)

★

S 108: Ein Widerstand von 100 Ω wird parallel zu einem Widerstand von $x\,\Omega$ an 50 V angeschlossen.

a) Welche Werte kann die Gesamtstromstärke je nach x annehmen?

b) Stelle in einem Diagramm dar, wie I_{gesamt} von x abhängt! (→ Tabellenkalkulation?)

★★

S 110: Wie entwickelt sich der Gesamtwiderstand, …

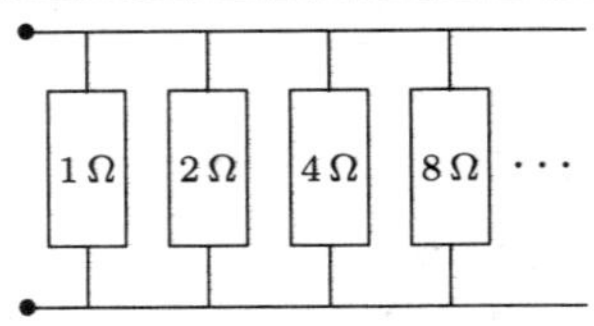

a) …, wenn man zu 1 Ω zunächst 2 Ω parallel dazuschaltet, dann weitere 4 Ω dazu, weitere 8 Ω, 16 Ω usf.?

b) Wie ist es bei der Ohm-Folge 1, 2, 3, 4, 5, …?

★

S 112: Ergänze das richtige Wort: In einer Parallelschaltung addieren sich die …

S 114: Ergänze richtig: Wenn man n gleiche Widerstände parallel schaltet, so ist der Gesamtwiderstand …

Komplexe Schaltungen

★

S 158: Hier siehst Du einen Ausschnitt aus einer Schaltung mit den Widerständen A, B, C, D, E und F.

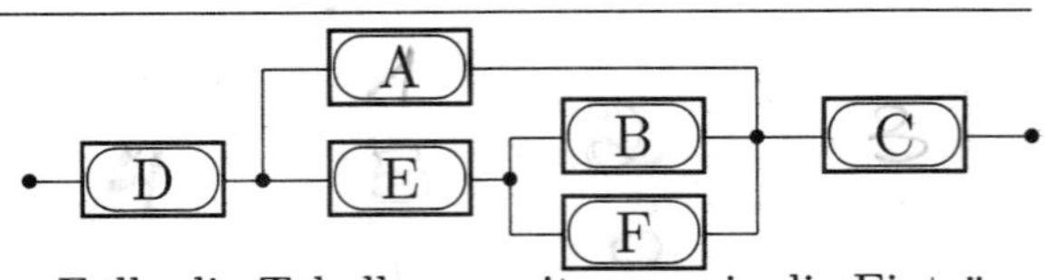

	A	B	C	D	E	F
U[V]	18	8		20		
I[A]				5	4	2,5

Fülle die Tabelle so weit aus, wie die Einträge sich eindeutig ergeben!

★

S 159: Es wird wieder die gleiche Schaltung wie in Aufgabe S158 aufgebaut, dieses Mal aber aus lauter gleichen Widerständen von jeweils 60 Ω, also $R_A = R_B = \ldots = 60\,\Omega$. Berechne, wie viel Strom durch (A) fließt, wenn über (F) eine Spannung von 30 V abfällt!

★

S 160: Gegeben sei dieser Ausschnitt aus einer Schaltung.

Bestimme: I_4, I_5, U_1, U_3 und U_5

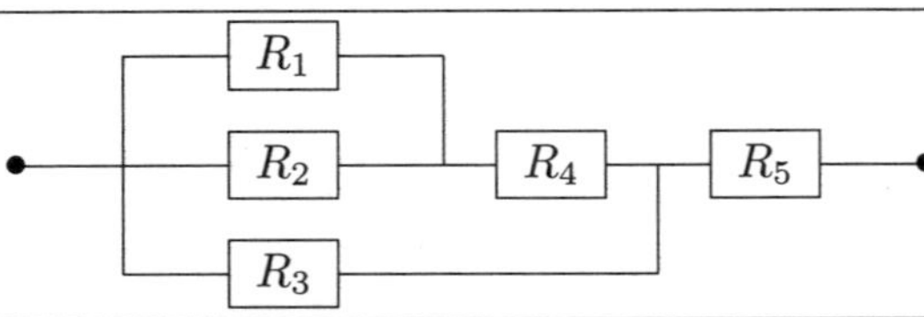

mit: $R_5 = 3\,\Omega$
$I_1 = I_2 = 1\,\text{A}$
$I_3 = 1\,\text{A}$
$U_2 = 1\,\text{V}$
$U_4 = 2\,\text{V}$

★

S 162: Gegeben sei folgender Ausschnitt aus einer Schaltung:

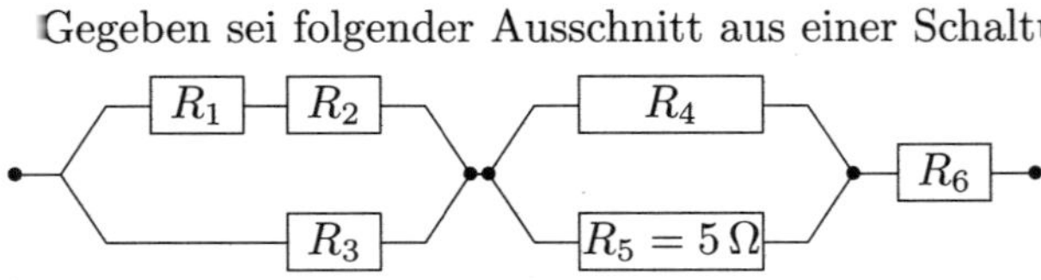

$I_3 = 2\,\text{A}$
$I_1 = 3\,\text{A}$
$I_5 = 4\,\text{A}$
$U_3 = 6\,\text{V}$
$U_2 = 2\,\text{V}$
$U_6 = 10\,\text{V}$

a) Fülle folgende Tabelle aus:

U_1	U_4	I_2	I_4	I_6	R_3

b) Welche Spannung liegt an der gesamten Schaltung – d.h. zwischen den beiden dicken Punkten – an?

S 164:

Berechne für nebenstehende Schaltung alle Teilstromstärken und -spannungen!

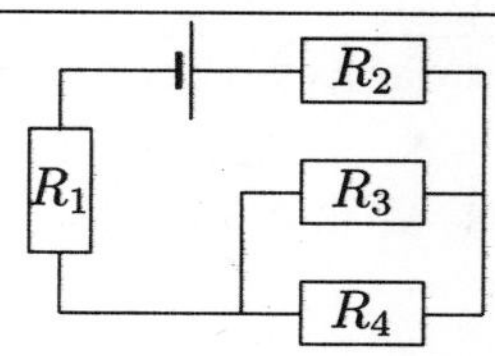

$R_1 = 90\,\Omega$
$R_2 = 90\,\Omega$
$R_3 = 200\,\Omega$
$R_4 = 300\,\Omega$
$U_0 = 30\,\text{V}$

S 166: Auf welche Weisen kann man 3 Widerstände zu je $240\,\Omega$ zusammenschalten? Berechne jeweils den Gesamtwiderstand!

S 168: Um wie viel Ohm unterscheiden sich die Serien- und die Parallelschaltung dreier Widerstände mit $200\,\Omega$, $300\,\Omega$ bzw. $400\,\Omega$?

★

S 169: Berechne, wie viel Spannung man über R_3 messen kann, wenn die gesamte Schaltung an 360 V angeschlossen ist!

$R_1 = R_2 = R_3 = R_4 = 50\,\Omega \qquad R_5 = 400\,\Omega$

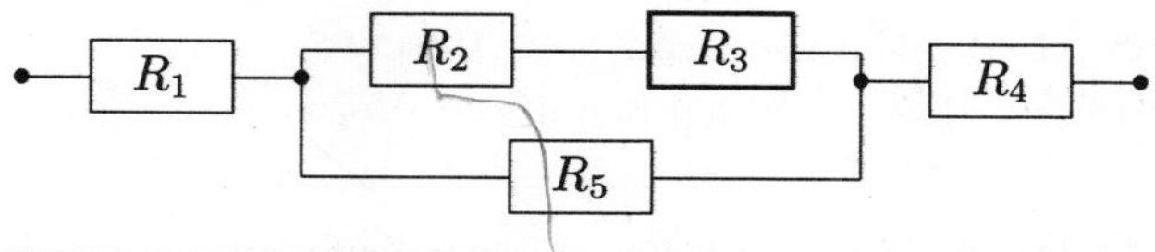

★

S 170: Drei Widerstände zu $120\,\Omega$, $240\,\Omega$ bzw. $360\,\Omega$ können auf verschiedene Arten zusammengeschaltet werden. Wie groß ist der kleinstmögliche Gesamtwiderstand?

★

S 172: In dieser Schaltung seien alle $R_i = 120\,\Omega$.

a) Berechne den Ersatzwiderstand der $R_{1,2,3,4,5}$!

b) Berechne I_5 und I_1 sowie U_4 und U_2!

c) Was wäre anders, wenn die R_i doppelt so groß wären?

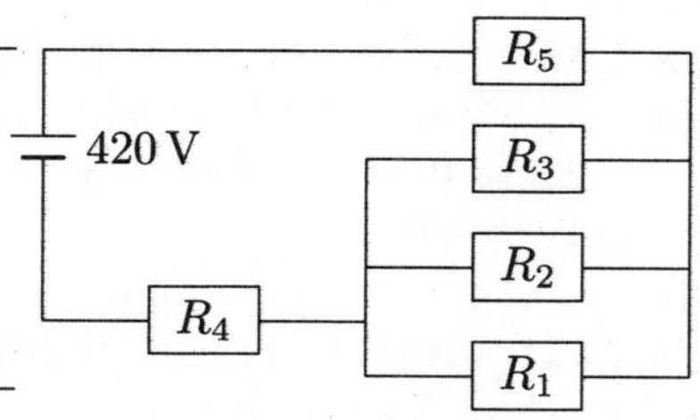

★

S 174: Berechne alle Stromstärken und Spannungen!

Es seien: $R_1 = R_2 = 100\,\Omega \qquad R_3 = 40\,\Omega \qquad R_4 = 50\,\Omega \qquad U_0 = 24\,\text{V}$

a)

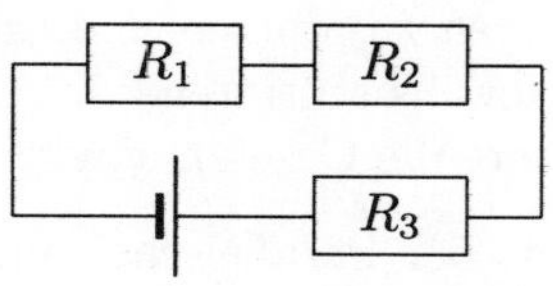

b)

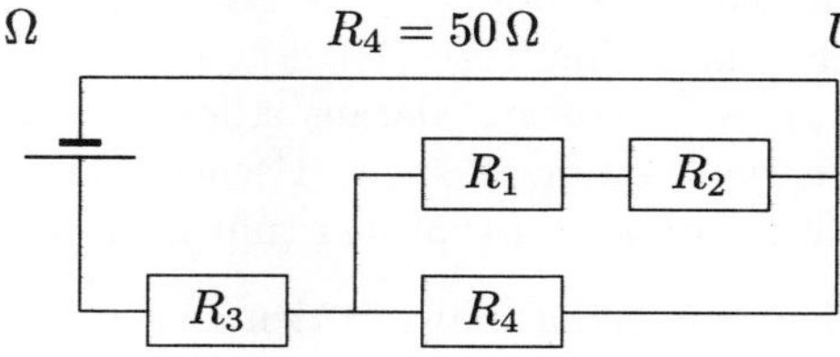

★

S 176: Diese Schaltung mit baugleichen Lämpchen und offenem Schalter wird mit ihren Punkten A und B an eine Batterie angeschlossen.
Bearbeite folgende beiden Aufgaben jeweils für beide Schalterstellungen!

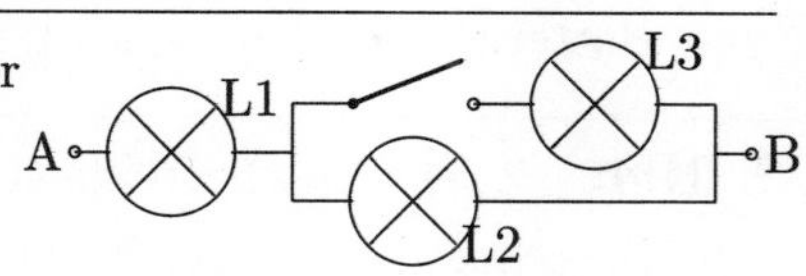

a) Beschreibe möglichst genau die Helligkeiten der 3 Lämpchen!

b) Gib die Stromstärken durch die Lämpchen als Bruchteile des Gesamtstromes und die Spannungsabfälle über den Lämpchen als Bruchteile der Batteriespannung an!

c) Um wie viel Prozent würde sich die Gesamt-Stromstärke beim Schließen des Schalters ändern, wenn der Widerstand der Lämpchen unveränderlich wäre?

★

S 178: Folgende Schaltung wird mit den dicken Punkten an eine 6 V-Batterie angeschlossen.

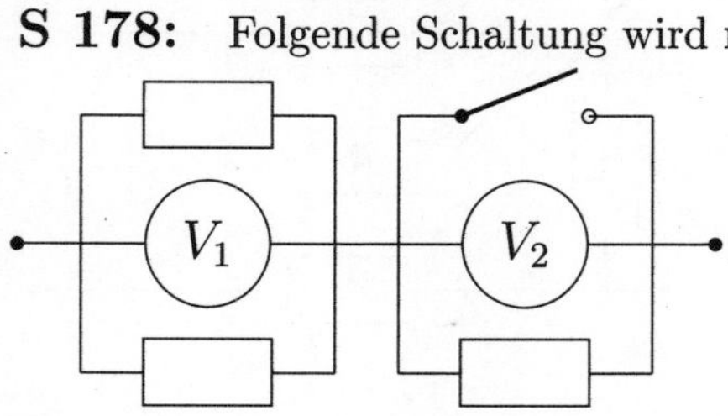

Die drei Widerstände seien gleich groß. Trage in die Tabelle ein, welche Werte die beiden Voltmeter bei offenem bzw. geschlossenem Schalter anzeigen!

	V_1	V_2

★

S 180: Fülle die Tabelle weiter aus! Spannung gleich parallel

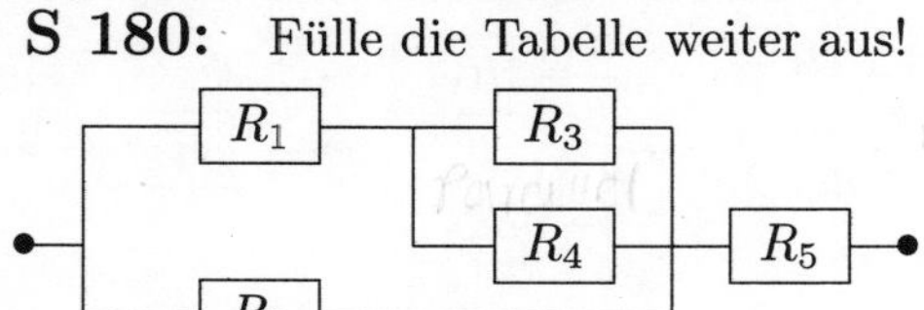

$R_1=$	$U_1=$	$I_1= 300\,\text{mA}$
$R_2=$	$U_2= 33\,\text{V}$	$I_2=$
$R_3=$	$U_3= 18\,\text{V}$	$I_3= 180\,\text{mA}$
$R_4=$	$U_4=$	$I_4=$
$R_5= 10\,\Omega$.	$U_5=$	$I_5= 520\,\text{mA}$

★

S 182: Wie groß muss R_X sein, damit $I_2 = 400\,\text{mA}$, wenn die Schaltung mit den dicken Punkten an 115 V angeschlossen wird? ($R_1 = 100\,\Omega$, $R_2 = 200\,\Omega$)

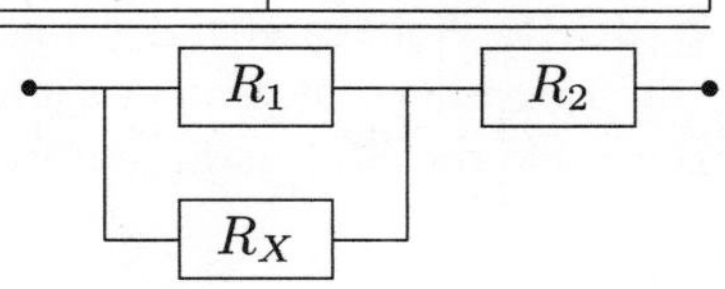

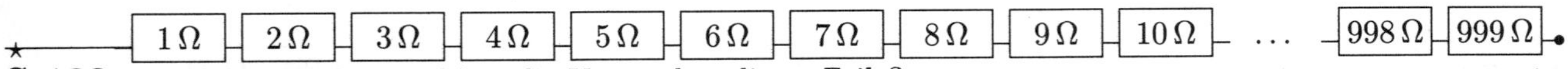

S 183: Welchen Widerstand hat die Kette über dieser Zeile?

S 184: Hier sind $R_A = 80\,\Omega$, $R_B = 40\,\Omega$ und $R_V = 20\,\Omega$. Durch R_A fließen 200 mA. Welche Spannung fällt über R_V ab?

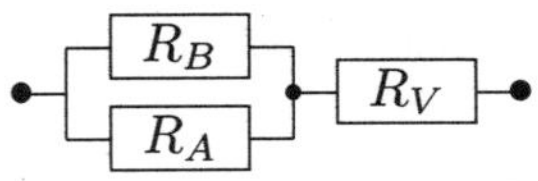

S 186: Selbe Schaltung wie in Aufgabe S184: Wie viel Strom fließt durch R_A, wenn an die gesamte Schaltung eine Spannung $U_0 = 36\,\text{V}$ angelegt wird und ...

a) ... $R_A = R_B = R_V = 80\,\Omega$

b) $R_A = 90\,\Omega$, $R_B = 60\,\Omega$ und $R_V = 144\,\Omega$

S 188: Ein Gerät mit der Aufschrift *5 V / 20 W* soll mit Vorwiderstand an einer 12 V-Batterie betrieben werden. Berechne den benötigten Vorwiderstand und die Leistung, die im Vorwiderstand umgesetzt wird!

S 190: Ein Lämpchen mit der Aufschrift *6V / 300mW* soll mit einer 8 V-Batterie betrieben werden. Welchen Widerstand muss man zum Lämpchen in Serie dazuschalten, damit es ordnungsgemäß leuchtet?

S 191: Batterie: 36 V

a) $R_1 = 30\,\Omega$ $R_2 = 6\,\Omega$
$R_3 = 10\,\Omega$
Berechne I_2!

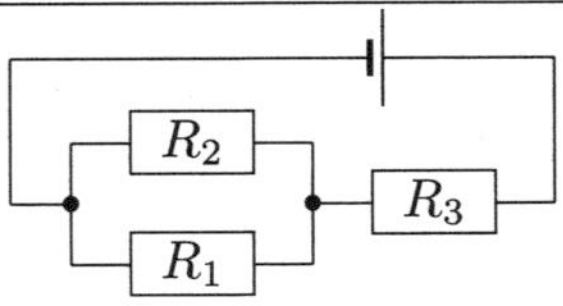

b) Hier sind bekannt:
$R_3 = 3\,\Omega$ $I_3 = 3\,\text{A}$
$R_4 = 6\,\Omega$ $U_4 = 30\,\text{V}$
Berechne R_1 und R_2!

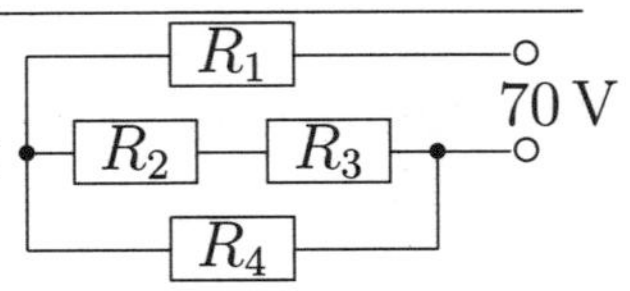

S 192: Auf die Frage *„Was hast Du eigentlich in letzter Zeit im Physik-Unterricht gelernt?“* antwortet Diana ihrer Tante: *„Komm' ich zeig's Dir gerade mal!“*
Fast als ob Diana mit dieser Frage gerechnet hätte, zückt sie zwei Widerstände von 24 Ω bzw. 40 Ω aus ihrer Hosentasche, dazu eine 9,6 V-Batterie, drei als Voltmeter oder Amperemeter verwendbare Digital-Multimeter und reichlich Kabelstücke. Daraus stöpselt sie nacheinander verschiedene Schaltungen zusammen und erklärt ihrer Tante die Zusammenhänge zwischen den Stromstärken und Spannungen, die jeweils auftreten.
Zeichne die vollständige Schaltung (mit allen Messgeräten), mit der Diana ihrer Tante die Gesetzmäßigkeit ...

a) ... über Spannungen bei Serienschaltung erläutert! Berechne die Spannungen, die sie über der Batterie bzw. den Widerständen jeweils misst!

b) ... über Stromstärken bei Parallelschaltung erläutert! Berechne die drei Stromstärken, die sie zur Bestätigung ihrer Ausführungen misst!

S 194: Zwei ohmsche Widerstände von 72 Ω bzw. 90 Ω werden zusammengeschaltet.

a) Berechne für eine Serienschaltung und für eine Parallelschaltung jeweils den Gesamtwiderstand!
Welche Spannung fällt über dem größeren Widerstand ab, wenn die Serienschaltung ...

b) ... von 2 A durchflossen wird?

c) ... an 81 V angeschlossen wird?

d) Wie viel Strom fließt durch den größeren Widerstand, wenn an die Parallelschaltung eine Spannung von 36 V angelegt wird?

S 196: Berechne alle Teilstromstärken und -spannungen bei 120 V Spannung zwischen den dicken Punkten, wenn alle $R_i = 240\,\Omega$ betragen!

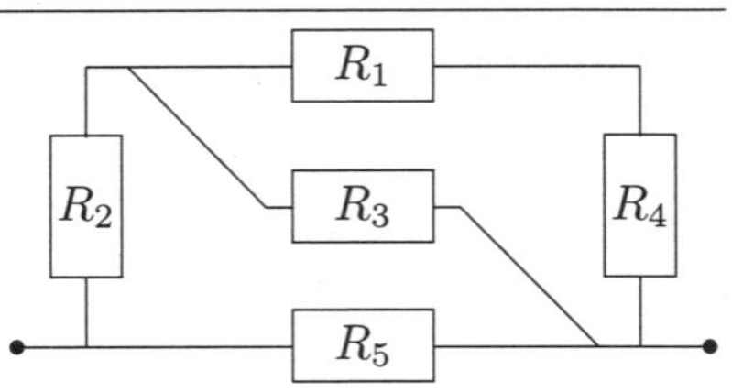

S 198: Die Schaltung aus Aufgabe S200 mit $R_X = 60\,\Omega$ und $R_Y = 45\,\Omega$ werde mit ihren äußeren Kontaktstellen (•) an eine 16 V-Batterie angeschlossen. Durch R_X fließen dann 150 mA.

a) Wie viel Strom fließt durch R_Y ?

b) Wie groß ist R_Z ?

S 200: Die nebenstehende Schaltung aus den Widerständen $R_X = 420\,\Omega$, $R_Y = 315\,\Omega$ und $R_Z = 140\,\Omega$ werde mit ihren äußeren Kontaktstellen (•) an eine 112 V-Batterie angeschlossen. Berechne für jeden der drei Widerstände, wie viel Spannung über ihm anliegt und wie viel Strom durch ihn fließt!

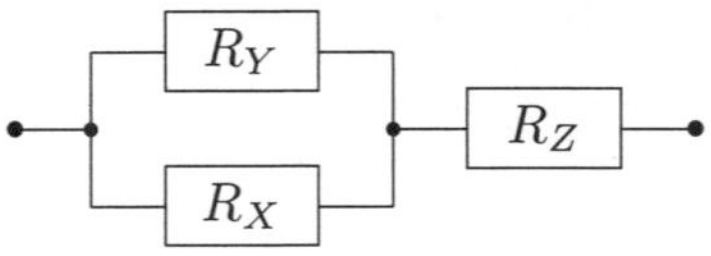

S 202: Nebenstehend gezeichnete Schaltung werde an eine Wechselspannung von 54 V angeschlossen. Es sind: $R_1 = 45\,\Omega$, $R_2 = 90\,\Omega$ und $R_3 = 18\,\Omega$. Berechne die Stromstärke durch den Widerstand R_3!

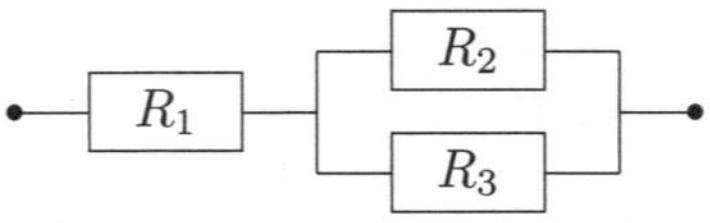

★

S 204: Eine Schaltung habe den Gesamtwiderstand 500 Ω. Ist es möglich, durch Hinzufügen eines weiteren Widerstandes den Gesamtwiderstand auf 400 Ω zu senken? Wenn nein: Warum nicht? Wenn ja: Wie geht das?

★

S 206: Schalte aus möglichst wenigen 20 Ω-Widerständen folgende Gesamtwiderstände zusammen:

a) 80 Ω b) 10 Ω c) 4 Ω d) 10 Ω

★

S 208: In den folgenden Schaltungen betragen $R_1 = R_2 = R_3 = 100\,\Omega$, und die Batterie gebe eine Spannung von 12 V ab. Berechne jeweils I_2!

a)
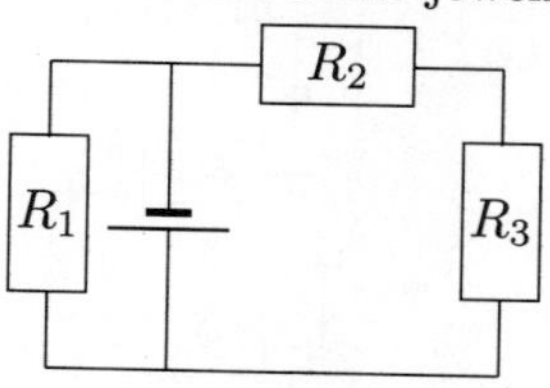

b)
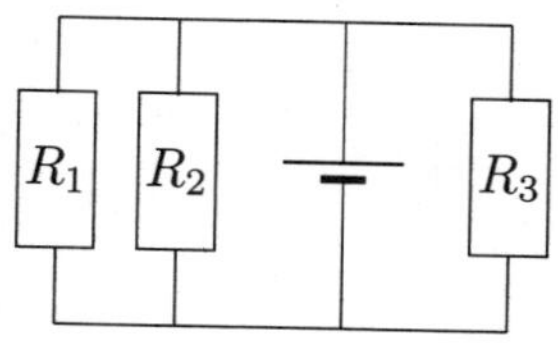

c)
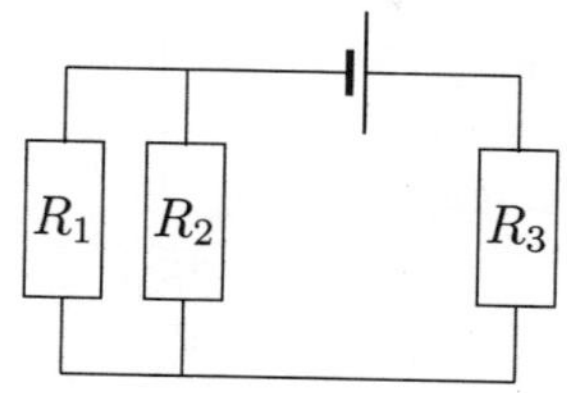

★

S 210: Die nebenstehende Schaltung besteht aus einer Batterie mit der Spannung U_0 und drei Widerständen $R_{A,B,C}$. Bestimme jeweils die fehlenden dieser 4 Größen so, dass gilt:

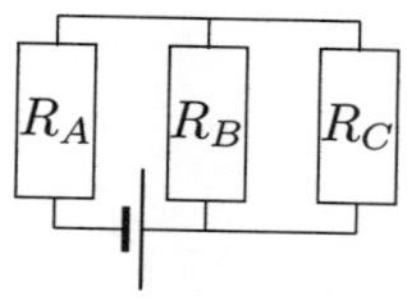

a) Bei $U_0 = 12\,\text{V}$ beträgt die Stromstärke $I_A = 1{,}2\,\text{A}$, die Spannung $U_B = 8{,}4\,\text{V}$ und die Stromstärken durch R_B und R_C sind gleich.

b) Bei lauter gleichen Widerständen und $U_0 = 12\,\text{V}$ fließt ein Gesamtstrom von 20 mA.

★

S 211: Welchen Widerstand hat die folgende Schaltung, wenn $R = 60\,\Omega$ beträgt?

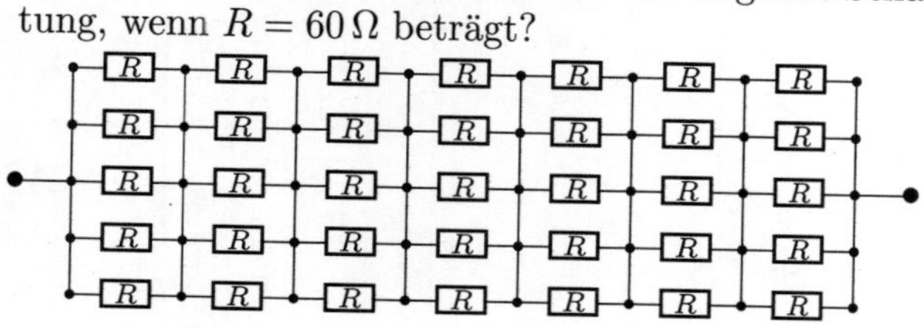

★

S 212: Stelle auf einem möglichst übersichtlichen, sinnvoll illustrierten und einprägsamen Plakat alle Regeln/Formeln zusammen, die man zum Berechnen von Gesamt- und Teilströmen in komplexen Schaltungen brauchen kann! (Kriterien für die Anordnung könnten sein: Schaltungstyp (seriell/parallel), auf den die Regel anzuwenden ist; Größe (R, U, I) über die eine Aussage gemacht wird; mathematische Struktur der Formel)

S 214: Der große Strahler rechts in nebenstehender Schaltung habe unabhängig von seiner Helligkeit einen Widerstand von 10 Ω, das kleine Lämpchen habe 990 Ω Widerstand. Beide Leuchtmittel sind dafür ausgelegt, mit Spannungen zwischen 190 V und 210 V betrieben zu werden. Das Netzgerät sei auf 200 V eingestellt.

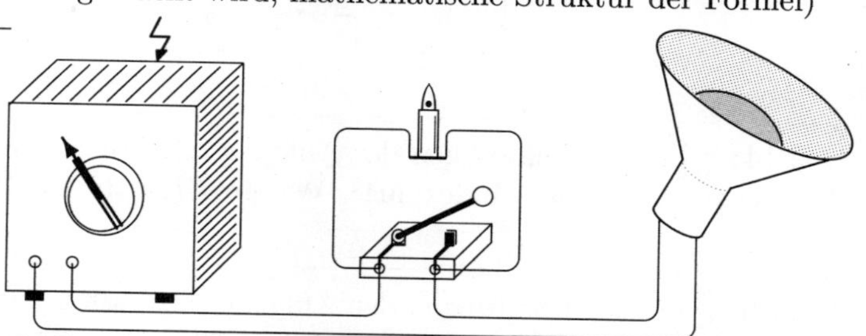

a) Berechne für beide Lampen die an ihr anliegende Spannung und ihre Stromstärke bei offenem Schalter!

b) Welche Werte ergeben sich bei geschlossenem Schalter?

c) Welchen Zweck könnte die Schaltung haben?

★

S 216: Diese Schaltung enthält einen Widerstand, dessen Größe im angegebenen Wertebereich eingestellt werden kann. Es werden die Spannung über dem 200 Ω-Widerstand sowie die Stromstärke durch ebendiesen gemessen. Stelle – mit Hilfe einer Tabellenkalkulation? – in einem Diagramm dar, wie diese Messgrößen vom eingestellten Widerstand abhängen!

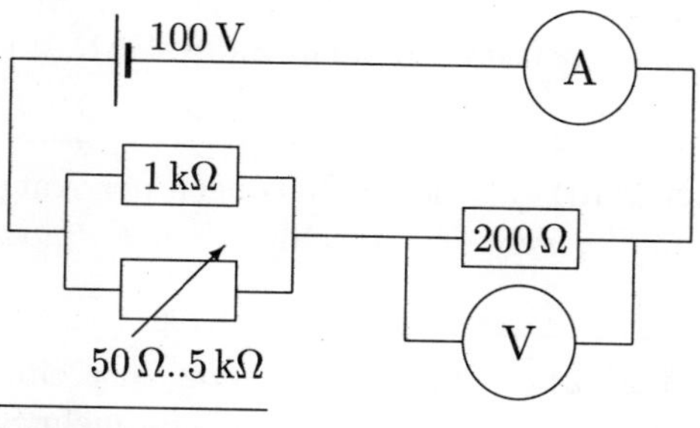

★★

S 217: Die 4 Pumpen P_1 bis P_4 seien baugleich und haben einen Widerstand, der unabhängig von der Betriebsspannung sei. Sie speisen jeweils eine Fontäne eines Springbrunnens. Bei höherer Spannung an einer Pumpe spritzt auch die Fontäne höher empor.

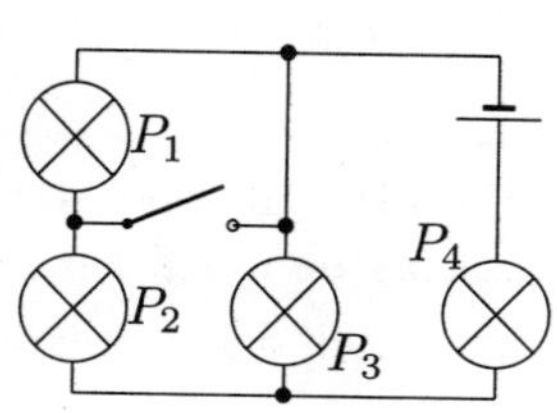

a) Vergleiche die Höhen der 4 Fontänen bei offenem Schalter!

b) Ausgehend von der gezeichneten Situation tritt eines der folgenden 5 Szenarien ein. Beschreibe jeweils, wie sich die Höhen der Fontänen ändern!
- Eine der Pumpen P_1 bis P_4 fällt aus und leitet keinen Strom mehr.
- Der Schalter wird geschlossen.

★

S 218: Berechne alle Teilströme und -spannungen in diesen Schaltungen!

a)

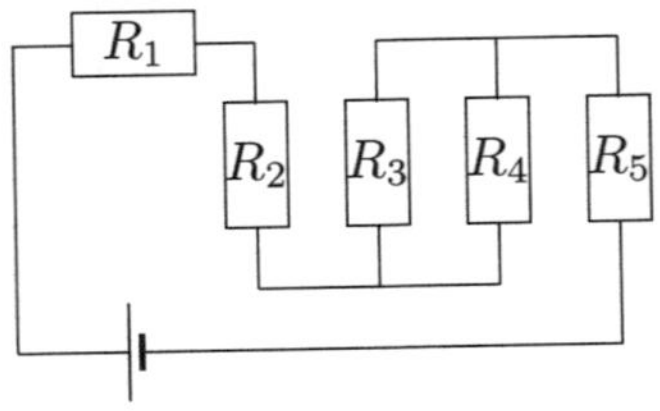

Es seien:

$U_0 = 300\,\text{V}$
$R_1 = R_2 = 100\,\Omega$
$R_3 = R_4 = 200\,\Omega$
$R_5 = R_6 = 200\,\Omega$
$R_7 = R_8 = 50\,\Omega$

b)

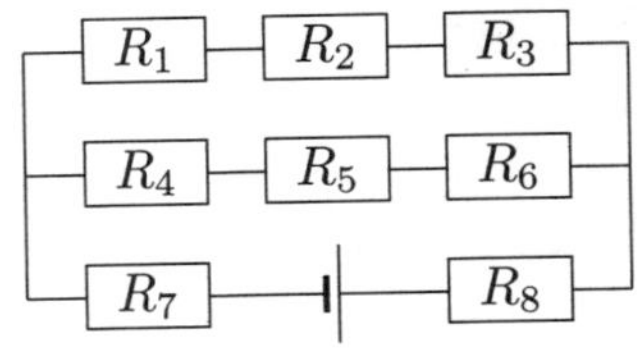

★

S 220: Noch einmal mit selben Daten wie in Aufgabe S218!

a)

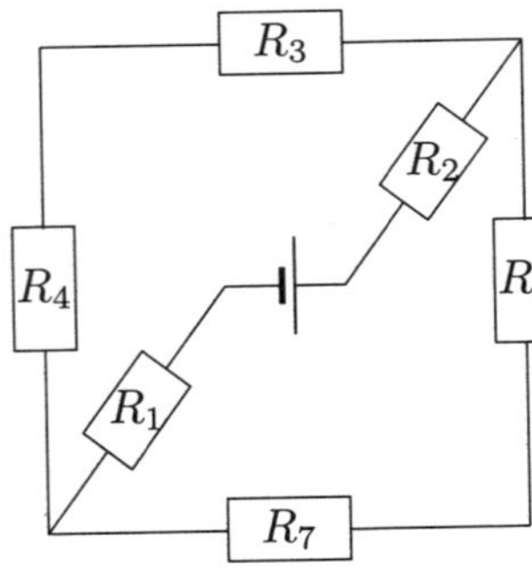

b)

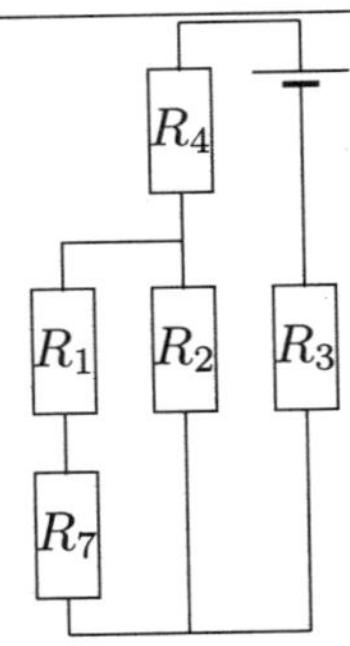

c)

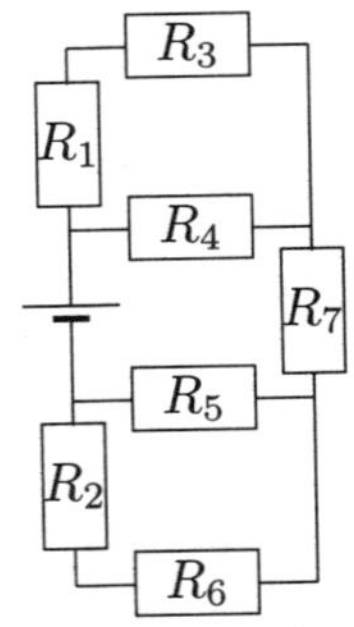

★

S 222: Zur Aufgabe S218 noch eine letzte Zugabe!

a)

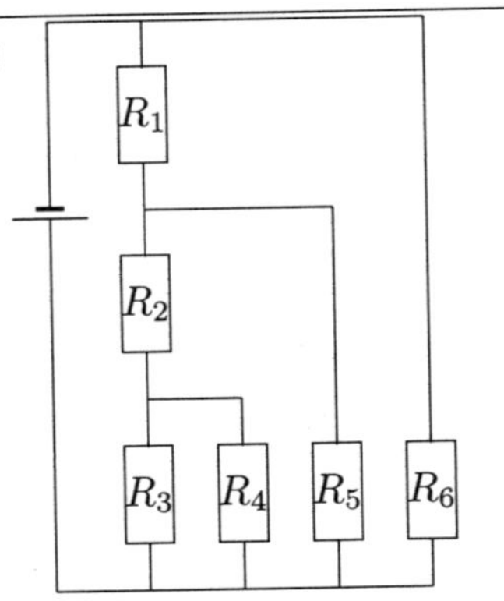

b)

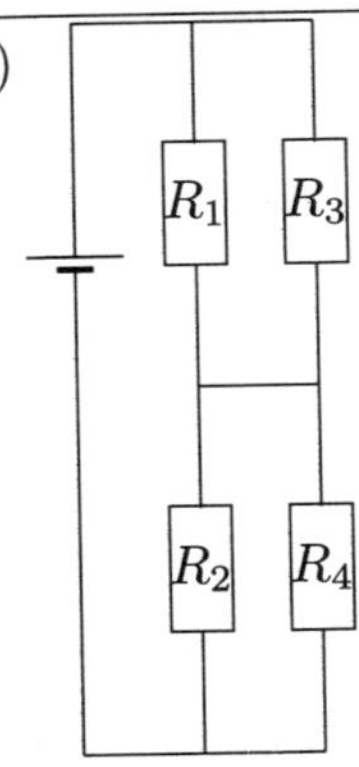

c)

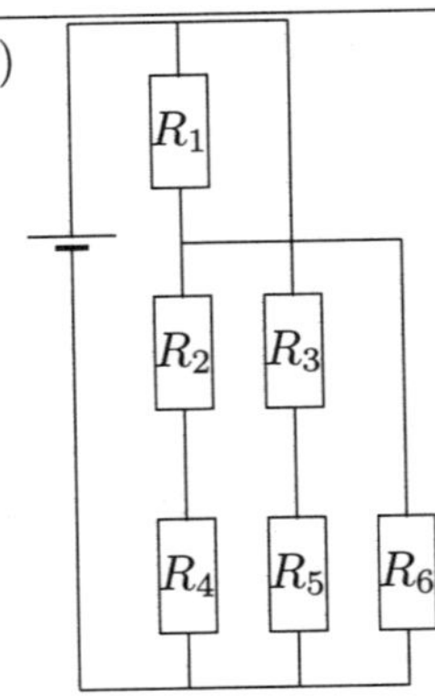

★

S 224: In den Schaltungen der Aufgabe S218 seien nun die Widerstände mit ungeradem Index $30\,\Omega$ groß, diejenigen mit geradem Index $40\,\Omega$. Wie groß müsste jeweils U_0 sein, damit I_2 genau 1 A beträgt?

★

S 226: In den Schaltungen der Aufgabe S220 seien nun die Widerstände mit ungeradem Index $30\,\Omega$ groß, diejenigen mit geradem Index $40\,\Omega$. Wie groß müsste jeweils U_0 sein, damit U_2 genau 1 V beträgt?

★

S 228: In den Schaltungen der Aufgabe S222 seien nun die Widerstände mit ungeradem Index $30\,\Omega$ groß, diejenigen mit geradem Index $40\,\Omega$. Wie groß ist jeweils I_1, wenn I_2 genau 1 A beträgt?

★★

S 230: In den Schaltungen der Aufgaben S220 seien nun alle Daten unbekannt. Welche Auswirkung hat es auf I_1, wenn ein Anschluss von R_2 plötzlich abreißt?

★★

S 232: Entwirf eine möglichst einfache Schaltung aus Widerständen $R_{1,2,\ldots}$, in der bei gleichbleibender Versorgungsspannung durch R_2 mehr Strom fließt, wenn R_1 durchbrennt und dadurch nicht mehr leitet!

★★

S 234: In nebenstehender Schaltung sind alle Lämpchen L0, L1 und L2 baugleich. Beschreibe möglichst genau die Helligkeiten der drei Lämpchen...

a) ... in der gezeichneten Ausgangslage!

b) ... wenn noch S1 geöffnet wird!

c) ... wenn S2 geschlossen wird!

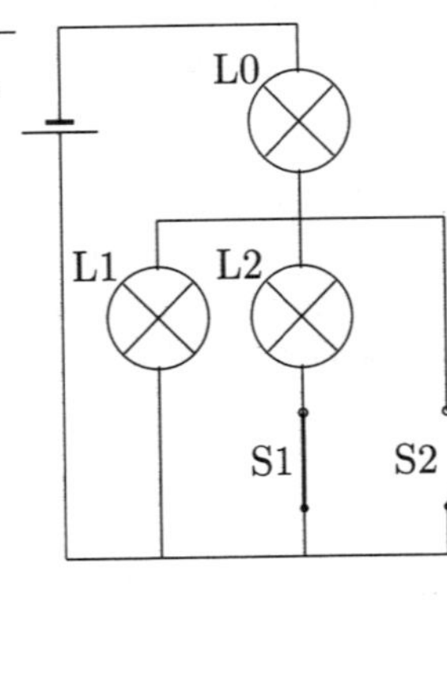

Z ★

S 236: Diese Schaltung sei mit den dick gezeichneten Punkten an eine unveränderliche Spannung angeschlossen. Wie ändern sich I_1, I_2 und I_X, wenn man R_X erhöht?

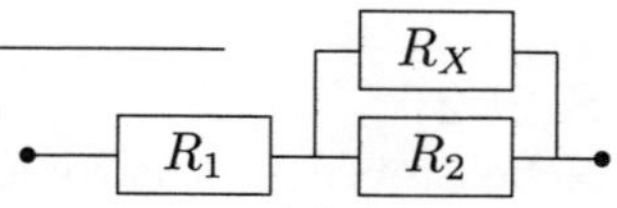

★

S 238: Welcher Gesamtwiderstand ergibt sich, wenn man ...

a) ... drei Wid. von $70\,\Omega$, $0{,}3\,\mathrm{k}\Omega$ bzw. $50\,\Omega$ in Serie schaltet?

b) ... drei Wid. von $70\,\Omega$, $0{,}3\,\mathrm{k}\Omega$ bzw. $50\,\Omega$ parallel schaltet?

c) ... fünfzig Wid. von jeweils $800\,\Omega$ parallel schaltet?

d) ... n Wid. von jeweils $n\,\Omega$ parallel schaltet?

★★

S 239: Zwei Widerstände können in Serie oder parallel geschaltet werden.

a) Welche beiden Widerstände ergeben seriell $121\,\Omega$ und parallel $30\,\Omega$?

b) Zeige: Seriell ergibt sich immer mindestens 4-mal so viel Wid. wie parallel!

★

S 240: Gegeben: $R_1 = 120\,\Omega$ $R_2 = 80\,\Omega$ $R_V = 78\,\Omega$

a) Berechne alle Teil-Stromstärken und Spannungen!

b) Bestimme R_x so, dass bei geschlossenem Schalter durch R_1 und R_2 doppelt so viel Strom fließt wie bei offenem!

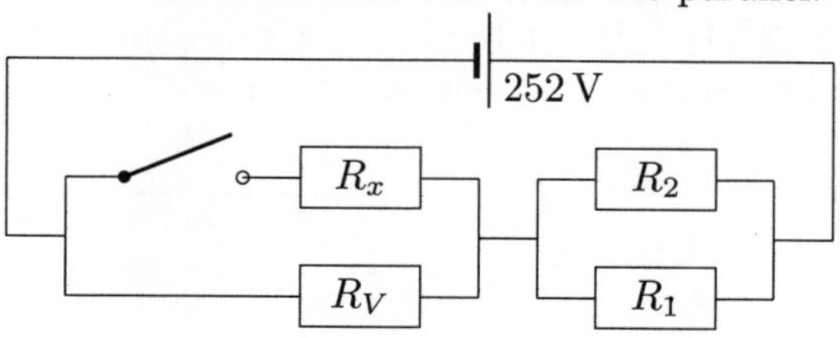

★★

S 242:
Diese Schaltung enthält drei baugleiche Glühlämpchen (G1, G2, G3). Das Netzgerät sei auf diejenige Spannung eingestellt, bei der ein Lämpchen dieser Bauart maximal hell leuchten würde.

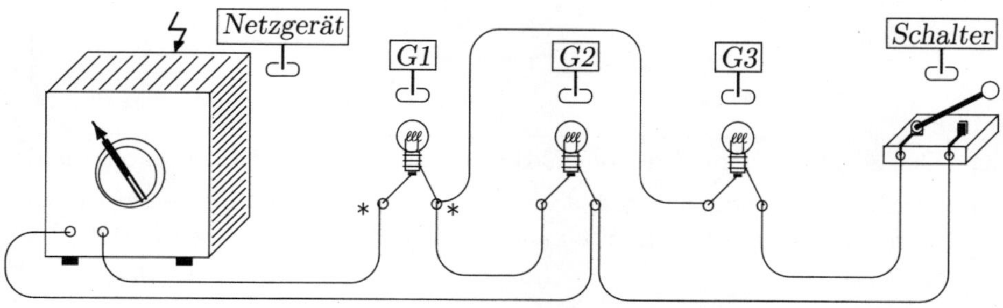

a) Der Schalter sei zunächst offen. Beschreibe die Stromstärken durch die drei Lämpchen möglichst genau!

b) Erkläre und beschreibe möglichst genau, was sich beim Schließen des Schalters ändert!

c) Was geschieht bei geöffnetem Schalter, wenn G1 durchbrennt?

d) Was geschieht bei geschlossenem Schalter, wenn die beiden mit $*$ gekennzeichneten Anschlüsse von Lämpchen G1 durch ein Kabel miteinander verbunden werden?

★

S 244: Die Spannungsquelle in nebenstehender Schaltung liefert 700 V.
Die Widerstände betragen:

$R_1 = 100\,\Omega$ $R_2 = 200\,\Omega$ $R_3 = 300\,\Omega$ $R_4 = 240\,\Omega$

Berechne für jeden der vier Widerstände die an ihm abfallende Spannung und die durch ihn fließende Stromstärke!

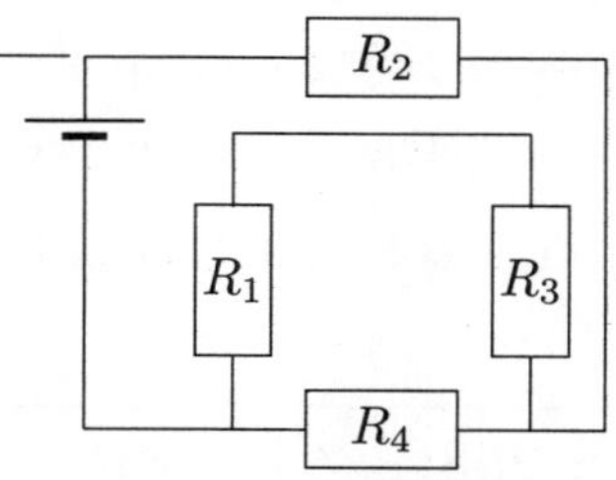

★★

S 246: Während seiner zweiwöchigen Expedition durch die innere Mongolei will sich der ungeduldige Zacharias zwischendurch mal schnell eine Tasse Tee kochen können. Neben einer Auto-Batterie und Solarzellen zum Aufladen derselben nimmt er deshalb auch zwei passende baugleiche Tauchsieder mit, die er wahlweise einzeln, parallelgeschaltet oder in Serie geschaltet an die (in jedem Fall ausreichend starke) Batterie anschließen kann. Mit einem einzelnen Tauchsieder dauert das Kochen 6 min. Wie lange dauert es wohl mit den anderen Schaltungsvarianten?

★

S 248: In nebenstehend gezeichneter Schaltung betragen alle Widerstände $60\,\Omega$. Die Batterie liefert eine Spannung von 12 V.
Berechne, wie viel Strom durch den Widerstand in der Mitte fließt!

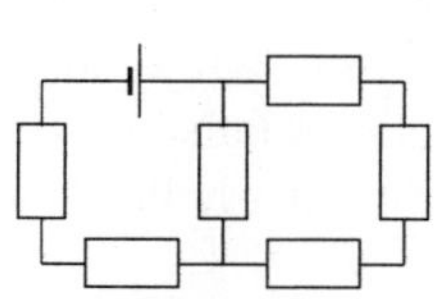

★

S 250:
Nebenstehende Schaltung wird mit den dick gezeichneten Eckpunkten an eine Spannungsquelle von 60 V angeschlossen. Ergänze die Tabelle mit den richtigen Werten!

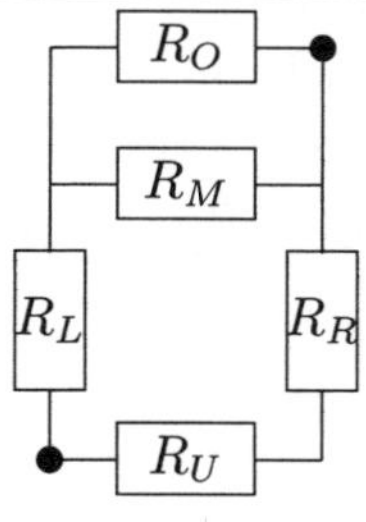

X	U_X[V]	R_X[Ω]	I_X[mA]
L			
O		20	
M	15		500
U			100
R		400	

★

S 252: Nebenstehende Schaltung wird mit den dick gezeichneten Eckpunkten an eine Spannungsquelle von 50 V angeschlossen. Ergänze die Tabelle mit den richtigen Werten!

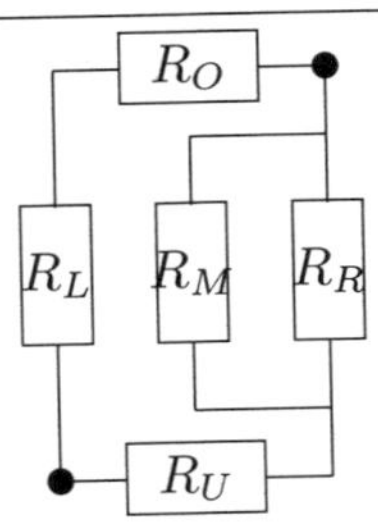

X	U_X[V]	R_X[Ω]	I_X[mA]
L			
O	40	400	
M			
U			1250
R	15		750

★★

S 254: Das folgende Bild zeigt eine Schaltung mit drei baugleichen Glühlämpchen (G1, G2, G3). Das Netzgerät sei auf diejenige Spannung eingestellt, bei der ein Lämpchen dieser Art maximal hell leuchten würde.

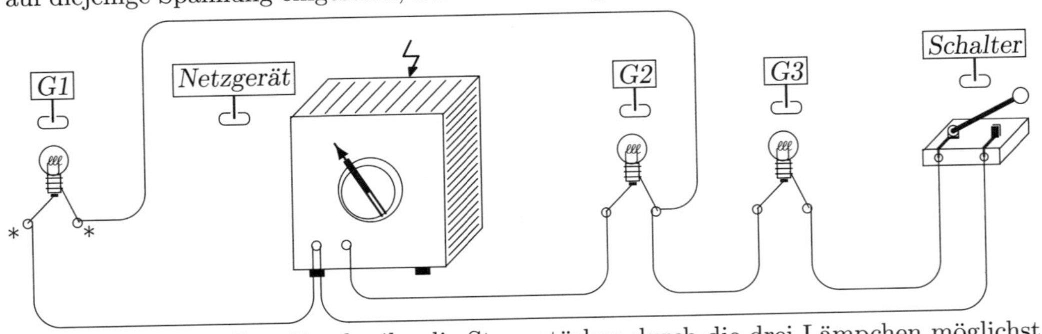

a) Der Schalter sei zunächst offen. Beschreibe die Stromstärken durch die drei Lämpchen möglichst genau!

b) Der Schalter werde nun geschlossen, und die beiden mit ∗ gekennzeichneten Anschlüsse von Lämpchen G2 werden durch ein Kabel miteinander verbunden. Beschreibe die Helligkeit jedes Lämpchens!

★

S 256: Die drei Schiebewiderstände in nebenstehender Schaltung seien so eingestellt, dass von oben nach unten aufgezählt

$R_1 = 90\,\Omega$,

$R_2 = 450\,\Omega$ und

$R_3 = 225\,\Omega$ wirksam sind.

Das Netzgerät liefere eine Spannung von 54 V.

Wie viel Strom fließt in Leitung Ⓐ?

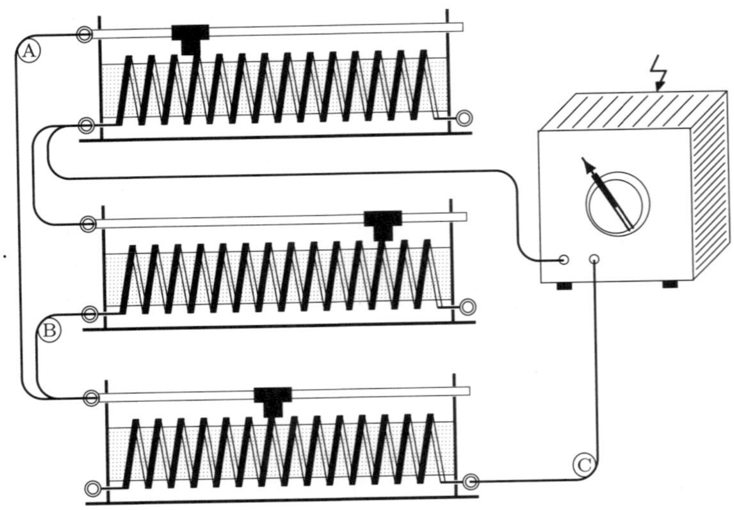

★★

S 258: Zur Bewachung des leckeren Inhalts seines Kühlschrankes benötigt Herr Giotto eine Schaltung, bei der ein Lämpchen an geht, wenn man einen Schalter – nämlich die Kühlschranktür – öffnet. Hilf ihm bitte!

★★

S 260: Herrn Giottos Kühlschrank-Problem aus Aufgabe S258 ist noch nicht perfekt gelöst: Falls das Lämpchen kaputt ist, kann die Kühlschranktür unbemerkt geöffnet werden! Herr Giotto wünscht sich deshalb eine Schaltung, bei der ein Lämpchen zur Kontrolle seiner Funktionstüchtigkeit dauernd ein wenig brennt, aber deutlich heller leuchtet, wenn der Schalter – ja, genau: die Tür – geöffnet wird. Kannst Du helfen?

★★★

S 262: *Harte Nuss!* Wie viel Strom fließt in welcher Richtung durch den Widerstand in der Mitte, wenn man 100 V an die Schaltung anlegt?

Hinweis: Für die 5 unbekannten Stromstärken durch die 5 Widerstände brauchst Du 5 voneinander unabhängige Gleichungen, die Du mit Maschen- und Knotenregeln aufstellen kannst.

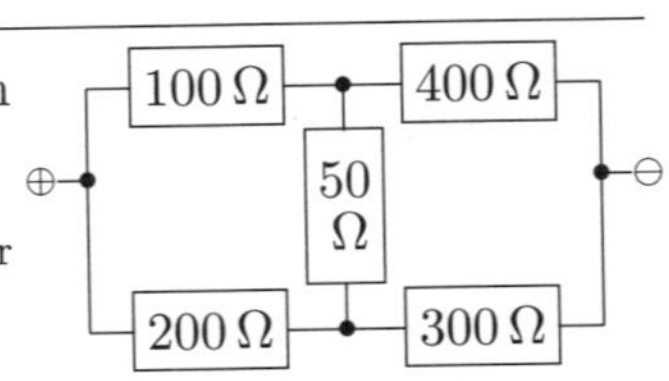

(W) Anwendungen von Widerständen

Spannungsteiler

★

W 2: Fridolin möchte ein Lämpchen, das für 3 V ausgelegt ist, mit einer Auto-Batterie von 12 V betreiben. Es steht ihm ein Schiebewiderstand mit dem Gesamtwiderstand 4000 Ω als Spannungsteiler zur Verfügung. (Die beiden Abschnitte des Schiebewiderstandes heißen im Folgenden R_1 und R_2.) Das Lämpchen soll an U_2 angeschlossen werden und habe einen konstanten Widerstand von 20 Ω.

a) Fridolin stellt gerne zunächst den Spannungsteiler richtig ein, bevor er das Lämpchen anschließt. (Wie würde er besser vorgehen?) Wie groß muss er den Widerstand R_2 einstellen, damit U_2 die geforderten 3 V beträgt?

b) Wie groß sind nun R_1 und U_1?

c) Nun schließt Fridolin das Lämpchen an U_2 an … und staunt ein wenig. Erkläre mit Hilfe einer Berechnung, warum das Lämpchen dunkel bleibt!

d) Fridolin erkennt den Fehler und verwendet nun einen Schiebewiderstand von 4 Ω anstelle des 4000ers. Rechne die vorigen Aufgabenteile damit neu durch! Leuchtet das Lämpchen nun?

e) Wie viel elektrische Leistung gibt die Batterie nun ab? Wie viel davon nutzt das Lämpchen? Wo wird der Rest vergeudet?

f) Für Spezialisten: Wie müsste Fridolin beim 4000er-Widerstand R_2 einstellen, damit das Lämpchen seine 3 V bekommt?

★

W 4: Erkläre, warum Spannungsteiler nicht günstig zur Stromversorgung einsetzbar sind! Insbesondere: Welchen beiden Nachteilen kann man nicht gleichzeitig entgehen, egal wie man den Spannungsteiler konzipiert?

W 6: Ein Spannungsteiler mit $R_1 = 150\,\Omega$ und $R_2 = 100\,\Omega$ wird an $U_0 = 60\,\text{V}$ angeschlossen. Parallel zu R_2 wird eine elektrische Heizung angeschlossen, deren Widerstand zwischen 10 Ω und 500 Ω variiert werden kann. Da dieser Verbraucher Energie aus dem Spannungsteiler bezieht und ihn so be*last*et, nennt man ihn in diesem Zusammenhang einen *Lastwiderstand*. Berechne, in welchem Bereich die Gesamtstromstärke variieren kann!

★

W 8: Für eine elektronische Schaltung benötigt Flora einen Spannungsteiler, an dem sie bei einer Gesamtspannung von 15 V eine Teilspannung von 9 V abgreifen kann. Die Stromstärke im unbelasteten Spannungsteiler soll 50 mA betragen. Aus welchen Widerständen ist der Spannungsteiler aufzubauen?

★

W 10: Flora möchte einen für 20 V konzipierten Verbraucher mit 100 Ω Widerstand betreiben, hat jedoch nur eine Spannungsquelle von 40 V. Sie versucht es mit einem Spannungsteiler aus zwei gleichen Widerständen. Rechne nach, welche Nachteile diese Art der Stromversorgung hat, wenn der Spannungsteiler aus zwei Widerständen mit …

a) … jeweils 10 kΩ besteht!

b) … jeweils 1 Ω besteht!

Innenwiderstände

W 60: Eine Batterie mit 12 V Leerlaufspannung liefert 300 mA, wenn man 25 Ω anschließt. Berechne ihren Innenwiderstand!

★

W 62: Eine Batterie hat eine Leerlaufspannung von 6 V und einen Innenwiderstand von 2,5 Ω.

a) Wie viel Strom liefert die Batterie bei Kurzschluss?

b) Berechne die Klemmenspannung und die Stromstärke, die sich beim Anschluss eines Verbrauchers mit 5 Ω Widerstand einstellen!

c) Stelle in einem Diagramm dar, wie die Stromstärke vom Widerstand des Verbrauchers (0 … 15 Ω) abhängt!

W 64: Eine Batterie hat eine Leerlaufspannung von 18 V. Schließt man einen Elektromotor mit 90 Ω Widerstand an sie an, fließen 187,5 mA. Welche Stromstärke erhält man, wenn man die Batterie kurzschließt?

W 66: Eine 12 V-Batterie liefert bei Kurzschluss einen Strom von 50 A.

a) Berechne ihren Innenwiderstand!

b) Wie viel Strom fließt, wenn man einen Verbraucher mit 2 Ω anschließt?

c) Wie viel Spannung fällt dann über diesem Verbraucher ab?

W 68: Welchen Innenwiderstand hat eine Batterie, an der man mit einem idealen Voltmeter 2 V misst, solange kein Verbraucher angeschlossen ist, jedoch nur noch 1,6 V, wenn man einen Verbraucher mit 5Ω anschließt?

★ **W 70:** Frieda schließt zunächst nur ein Voltmeter an eine Batterie an und liest 3 V ab. Dann schließt sie zusätzlich die Batterie mit einem Amperemeter kurz. (…, nachdem sie aus ihren Erfahrungen abgeschätzt hat, dass kein Gerät Schaden nehmen kann ;-)

a) Was zeigt das Voltmeter nun an?

b) Welchen Innenwiderstand hat die Batterie, wenn das Amperemeter 7,5 A anzeigt?

★ **W 72:** Untersuche, welchen Widerstand R man an eine Quelle mit Innenwiderstand $R_i = 5\,\Omega$ und $U_0 = 10\,\text{V}$ anschließen muss, um an R maximale Leistung zu haben?

	A	B	C	D	E
1					
2					
3					
4					
5					

W 74: Die Klemmenspannung eines zunächst unbelasteten Netzgerätes geht von 90 V auf 85 V zurück, wenn man einen Widerstand von 50 Ω anschließt.

a) Berechne den Innenwiderstand des Netzgerätes!

b) Welche Stromstärke wäre bei Kurzschluss des Gerätes zu erwarten?

★ **W 76:** An eine Batterie mit Leerlaufspannung 24 V und Innenwiderstand 7 Ω ist ein Verbraucher mit 65 Ω Widerstand angeschlossen.

a) Wie viel Spannung liegt am Verbraucher an? Wie viel Strom fließt durch ihn?

b) Auf welche Werte ändern sich diese Spannung und Stromstärke, wenn man dem ersten Verbraucher einen zweiten Verbraucher mit 52,4 Ω parallelschaltet?

★ **W 78:** Leite her: Hat eine Batterie mit Leerlaufspannung U_0 bei Belastung mit einem äußeren Widerstand R_a die Klemmenspannung U_K, so beträgt ihr Innenwiderstand $R_i = (\frac{U_0}{U_K} - 1) \cdot R_a$

W 80: Warum stellt man welche Forderung an den Innenwiderstand eines …

a) … Amperemeters?

b) … Voltmeters?

★ **W 82:** Ein Physik-Lehrer möchte seinen Schülern den Zusammenhang $R = \frac{U}{I}$ experimentell vorführen. Er verwendet dazu ein Netzgerät, das belastungsunabhängig 20 V liefert, sowie ein Amperemeter mit einem Innenwiderstand von 2 Ω. Er schließt nun an das Netzgerät zusammen mit dem Amperemeter einen Widerstand von 500 Ω (50 Ω, 5 Ω, 0,5 Ω) an.

a) Welchen Wert für die Stromstärke erwartet man ohne Berücksichtigung des Innenwiderstandes?

b) Berechne, welche Stromstärke man tatsächlich misst!

★ **W 84:** Ein Physik-Lehrer möchte seinen Schülern experimentell vorführen, dass sich in einer Serienschaltung die Teilspannungen addieren. Er verwendet dazu ein Netzgerät, das belastungsunabhängig 20 V liefert, sowie ein einziges Voltmeter mit einem Innenwiderstand von 2 kΩ. Er schließt nun an das Netzgerät eine Serienschaltung aus $R_1 = 10\,\Omega$ und $R_2 = 30\,\Omega$ an. Er misst nun nacheinander mit seinem Voltmeter die Teil-Spannungen U_1 und U_2. Berechne, welche Messwerte …

a) … idealerweise auftreten würden!

b) … tatsächlich auftreten!

c) Führe dieselben Berechnungen für $R_1 = 1\,\text{k}\Omega$ und $R_2 = 3\,\text{k}\Omega$ aus!

★ **W 86:** Fridolin möchte den Widerstand eines Verbrauchers bestimmen. Dazu schließt er ihn an eine 12 V-Batterie an und misst die sich ergebende Stromstärke zu 3 A. Welchen Widerstand berechnet er daraus, …

a) …, wenn er keinerlei Innenwiderstände berücksichtigt?

b) …, wenn er nur 0,5 Ω als Widerstand des Amperemeters berücksichtigt?

c) …, wenn er außer diesem Innenwiderstand des Amperemeters noch berücksichtigt, dass die angegebenen 12 V nur die Leerlaufspannung, nicht die Klemmenspannung der Batterie sind, und dass die Batterie einen Innenwiderstand von 2 Ω hat?

★ **W 88:** Fridolin möchte die Leerlaufspannung einer Batterie bestimmen. Er schließt dazu ein Voltmeter mit 150 Ω Widerstand an die Batterie an und liest 3,2 V ab. Welche Leerlaufspannung ergibt sich daraus, wenn …

a) … man keinerlei Innenwiderstände berücksichtigt?

b) … man den Innenwiderstand des Voltmeters und 10 Ω als Innenwiderstand der Batterie berücksichtigt?

★

W 90: Flora besitzt ein Amperemeter, das Ströme bis zu 1 A messen kann. Größere Ströme würden das Messgerät zerstören. Der Innenwiderstand des Amperemeters beträgt 1,8 Ω.
Flora möchte nun aber Ströme bis zu 10 A messen. Sie überlegt ... Hurra, so geht's: Vom zu messenden Gesamtstrom darf ja nur ein Zehntel durch das Messgerät fließen, die restlichen $\frac{9}{10}$ müssen daran vorbei geführt werden. Also schaltet Flora dem Amperemeter einen solchen Widerstand R_P parallel, dass sich der Gesamtstrom im Verhältnis 9 : 1 auf diesen und das Amperemeter aufteilt. Die Anzeige des Amperemeters muss sie dann nur noch mit 10 multiplizieren um die Gesamtstromstärke zu erhalten. Zeichne einen Schaltplan und berechne R_P!

★

W 92: Flora besitzt auch ein Voltmeter, das Spannungen bis 10 V messen kann. Größere Spannungen würden das Messgerät zerstören. Der Innenwiderstand des Voltmeters beträgt 18 kΩ.
Flora möchte nun aber Spannungen bis 100 V messen. Sie überlegt wieder: (Bevor Du weiterliest, darfst Du natürlich auch gerne erst einmal selbst überlegen, wie der Trick wohl geht.) Von der zu messenden Gesamtspannung darf ja nur ein Zehntel über dem Messgerät abfallen, die restlichen $\frac{9}{10}$ müssen davor oder danach abfallen. Also schaltet Flora dem Voltmeter einen solchen Widerstand R_S in Serie, dass sich die Gesamtspannung im Verhältnis 9 : 1 auf diesen und das Voltmeter aufteilt. Die Anzeige des Voltmeters muss sie dann nur noch mit 10 multiplizieren um die Gesamtspannung zu erhalten. Zeichne einen Schaltplan und berechne R_S!

W 94: Welchen Innenwiderstand hätte ein Oszilloskop, wenn es tatsächlich so primitiv aus zwei Plattenpaaren aufgebaut wäre, wie Du es gelernt hast?

★

W 96: Was ist schlimmer: Ein Amperemeter wie ein Voltmeter zu schalten, oder ein Voltmeter wie ein Amperemeter?

★★

W 98: Flora in Not! Flora besitzt nur noch ein Amperemeter mit 2 Ω Widerstand und einem Messbereich bis 1 A. Sie möchte aber nun Spannungen bis zu 100 V messen. Wie macht sie es?

★★★

W 100: Nebenstehende Schaltung zeigt zwei Batterien (mit Innenwiderständen), die einen Verbraucher versorgen, dessen Widerstand $R_V = 2\,\Omega$ beträgt. Die rechte der beiden Batterien habe eine Leerlaufspannung von $U_2 = 12\,\text{V}$ und einen Innenwiderstand von nur $R_2 = 0{,}1\,\Omega$, während die linke mit $R_1 = 10\,\Omega$ im Leerlauf nur $U_1 = 11{,}8\,\text{V}$ bringt.

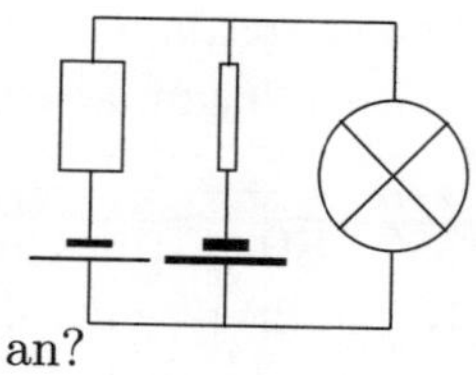

a) Wie viel Strom liefern die Batterien jeweils? Welche Spannung liegt am Verbraucher an?

b) Welche Werte ergäben sich für $U_1 = 12\,\text{V}$?

c) Bei welchem U_1 verschwindet I_1?

Spezifischer Widerstand

W 160: Hier sind spezifische Widerstände u.a. von 10 Metallen aufgelistet.

Recherchiere/Überlege: Wofür verwendet man welches davon und warum gerade dieses? (Tipps: Haushaltskabel, Überlandleitungen, Glühwendeln, Schaltkontakte, Lötverbindungen, Zuleitungen für Mikroprozessoren, Korrosionsschutz)

Material	$\rho / \frac{\Omega \cdot \text{mm}^2}{\text{m}}$				
Silber	0,016	Wolfram	0,055	Kohle	60
Kupfer	0,017	Eisen	0,10	Germanium	460000
Gold	0,022	Zinn	0,11	Silizium	$20 \cdot 10^6$
Aluminium	0,027	Konstantan	0,50	Porzellan	$5 \cdot 10^{18}$
Zink	0,059	Quecksilber	1,0	Bernstein	10^{27}

★

W 162: Ein 50 cm langes Experimentierkabel besteht aus vielen dünnen Kupferdrähten, die zusammen eine Stärke von 2,5 mm² haben.

a) Berechne den Widerstand des Experimentierkabels!

b) Warum verwendet man nicht einen einzigen dicken Kupferdraht anstelle der vielen dünnen?

W 164: Welchen Durchmesser muss ein 40 cm langes Wolfram-Fädchen haben, um einen Widerstand von 10 Ω zu haben?

W 166: Welchen Widerstand hat ein 6 cm langer Stahlnagel mit 2 mm Durchmesser?

W 168: Flora bastelt wieder: Sie möchte sich aus Konstantandraht mit 0,35 mm Durchmesser einen 2 Ω-Widerstand herstellen. Wie langen Draht nimmt sie?

★

W 170: Von zwei Drähten aus dem selben Material und mit selber Länge hat der erste einen dreimal so großen Durchmesser wie der zweite. Was kannst Du über die Widerstände sagen?

★
W 172: Wie dick müsste ein Eisendraht sein um genauso leitfähig zu sein wie ein gleich langer Silberdraht mit 0,1 mm Durchmesser?

★
W 174: Ein Schiebewiderstand besteht aus einem 40 m langen Konstantandraht mit 0,2 mm^2 Querschnittsfläche, der auf eine Keramikröhre von 4 cm Durchmesser gewickelt ist.

a) Berechne den Gesamtwiderstand!

b) Um wie viel verändert sich ein zwischen Mittelabgriff und einem Ende abgegriffener Widerstand, wenn der Mittelabgriff um eine Windung verschoben wird?

★
W 176: Auf einer Kabeltrommel sind 50 m Kabel aufgewickelt. Das haushaltsübliche Kabel besteht aus drei Kupfer-Adern mit je 1,5 mm^2 Querschnittsfläche. Fridolin schließt über dieses Kabel eine Kreissäge an eine Steckdose an. Die Spannung der Steckdose betrage stets 230 V, die Kreissäge habe bei dieser Spannung eine Leistung von 2 kW.

a) Wozu hat das Kabel 3 Adern?

b) Berechne den Widerstand einer Ader des Kabels und den Gesamtwiderstand, den dieses Kabel in oben beschriebener Verwendung darstellt!

c) Berechne den Widerstand der Kreissäge!

d) Berechne die sich einstellende Stromstärke und die Spannung an der Säge! Wie viel Prozent der Steckdosen-Spannung geht wegen des Kabels für die Säge verloren?

e) Berechne die elektrische Leistungen, die in der Säge und im Kabel umgesetzt werden! Wie viel Prozent ihrer Nenn-Leistung büßt die Säge durch das Kabel ein?

★★
W 178: Die Seile einer Überlandleitung müssen recht dick sein. Da ein einzelner so dicker Metalldraht nicht ausreichend biegsam wäre, stellt man diese Seile aus vielen miteinander leicht verdrillten Drähten her. Die inneren Drähte bestehen aus Eisen, die äußeren aus Aluminium. Die Eisendrähte eines 35 mm dicken Seils haben zusammen eine Querschnittsfläche von 85 mm^2, die Aluminiumdrähte 680 mm^2. Wie viel Widerstand hat ein 26 km langes Seil dieser Art? (Die Verdrillung spiele keine Rolle. $\rho_{Fe} = 0{,}1\frac{\Omega \mathrm{mm}^2}{\mathrm{m}}$, $\rho_{Al} = 0{,}027\frac{\Omega \mathrm{mm}^2}{\mathrm{m}}$)

★★
W 180: Um einen Elektromagneten zu bauen wickelt Flora einen lackierten Kupferdraht mit 0,15 mm Durchmesser 400 mal um einen 18 cm langen Eisenquader wie hier gezeichnet. Sie schließt den Magneten wie gezeichnet an eine Gleichspannungsquelle an.

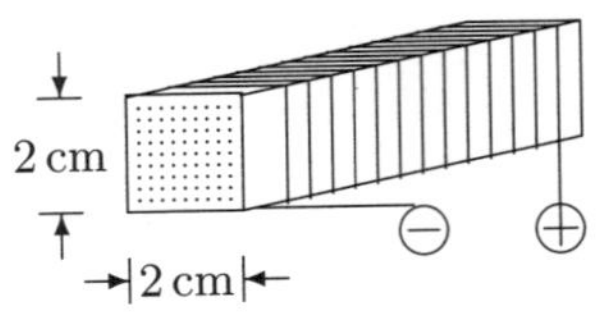

a) Wo liegt der Nordpol des Magneten?

b) Berechne den ohmschen Widerstand der Spule!

★★
W 182: Ein Schiebewiderstand besteht aus einem 0,2 mm dicken Konstantandraht, der 480 mal um ein 10 cm langes Rohr mit 4 cm Durchmesser gewickelt ist. Die Enden A und B des Schiebewiderstandes werden an eine 12 V-Spannungsquelle angeschlossen, der Mittelabgriff M auf die 200. Windung, von Ende A aus gezählt, eingestellt. ($\rho = 0{,}05\frac{\Omega \,\mathrm{mm}^2}{\mathrm{m}}$)

a) Wie groß ist der ohmsche Widerstand des gesamten Bauteils?

b) Welche beiden Spannungen fallen zwischen dem Mittelabgriff und je einem Ende ab?

c) Wie ändern sich die Gesamtstromstärke und die Teilspannung zwischen Ende A und Mittelabgriff M qualitativ, wenn man zwischen A und M einen Verbraucher anschließt?

★★
W 184 Mit den hier abgebildeten Geräten soll der spezifische Widerstand von Konstantan bestimmt werden. Dazu steht ein 20 cm langer Konstantandraht mit 0,5 mm^2 Querschnittsfläche (zwischen den Isolatorstützen eingespannt) zur Verfügung.

a) Zeichne die nötige Verkabelung ein!

b) Beim Anlegen von 110 mV misst man eine Stromstärke von 0,5 A. Werte dies aus! Entspricht das Ergebnis Deinen Erwartungen?

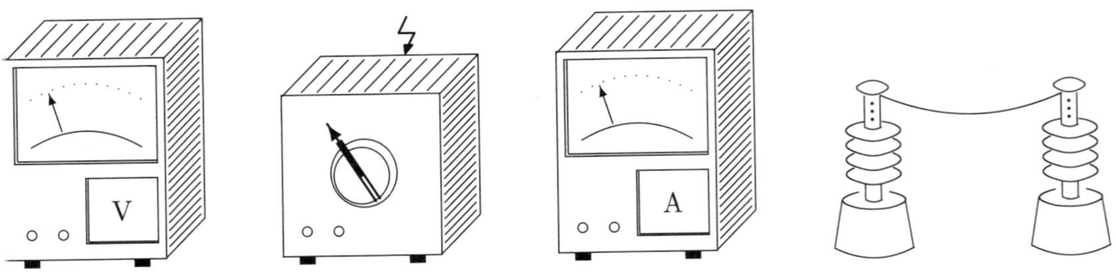

(T) Elektrotechnik

T 0: Zeichne in folgende Bilder einige Magnetfeldlinien ein!

dauermagnetischer Stabmagnet:

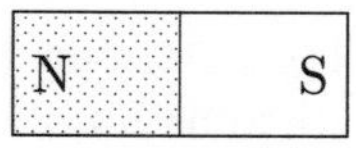

stromdurchflossenes Drahtstückchen:

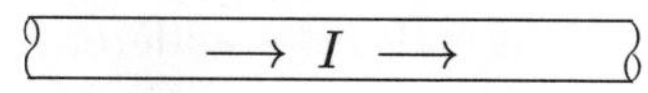

Lorentzkraft

T 2: Die folgende Tabelle zeigt für elektrische Ströme in Magnetfeldern verschiedene Kombinationen aus Stromrichtung, Magnetfeld-Richtung sowie der dabei auftretenden Lorentzkraft. Ergänze!
(⊙: aus der Zeichenebene heraus, ⊗: in die Zeichenebene hinein)

Strom	←	↑	←	⊗		←	←	←		⊗	→	↓
Magnetfeld	⊗	⊙	←	⊙	⊙				↑	←	↑	
Kraft					←	⊙	↑	⊗	⊗			⊙

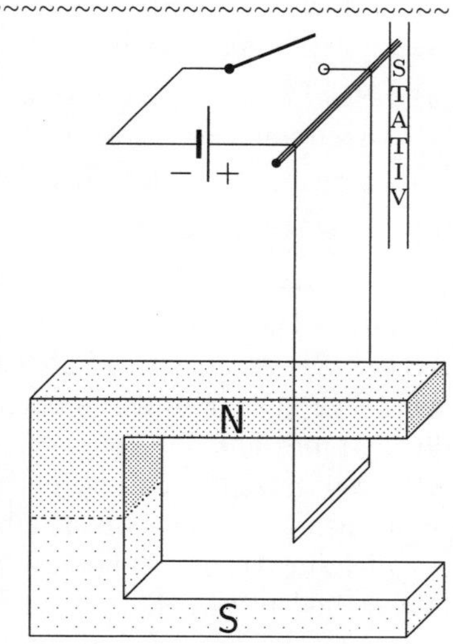

T 3: Was wird an dieser Leiterschaukel zu beobachten sein, wenn der Schalter geschlossen wird? Erkläre, wie hier die passende Regel angewandt wird! Was ändert sich, wenn man den Hufeisenmagneten so umdreht, dass Nord unten liegt? Was ändert sich, wenn man die Anschlüsse an der Batterie vertauscht?

T 4: In welcher Richtung wirkt die Lorentzkraft auf den Metallstab, der wie abgebildet auf zwei spannungsführenden Schienen durch ein Magnetfeld rollen kann, wenn die Feldlinien des Magnetfeldes (⊙) aus der Zeichenebene heraus verlaufen?

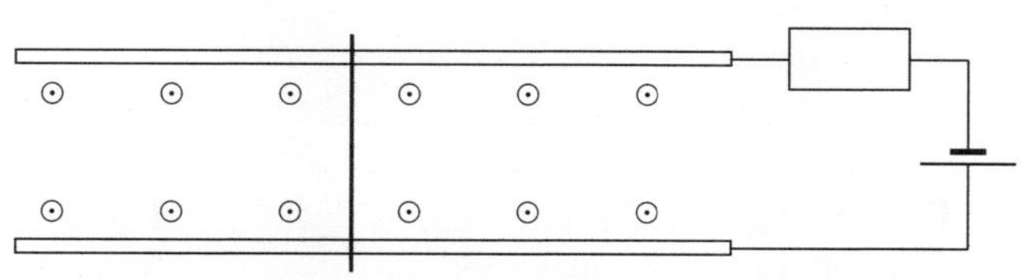

T 6: Diese Tabelle zeigt für bewegte Teilchen verschiedene Kombinationen aus der Ladung des Teilchens und den Richtungen seiner Bewegung, des Magnetfeldes sowie der auftretenden Lorentzkraft. Ergänze!

Ladung	+	+	−		+	−	+	−		−	+	
Bewegung	←	↑	→	⊗		→	←	→	↑	⊙	←	↓
Magnetfeld	⊗	⊙	←	↓	⊙				→	←	↑	←
Kraft				←	←	⊙	↑	⊗	⊗			⊙

★

T 8: Unter welchen Umständen ist es möglich, dass ein Teilchen in einem nach oben verlaufenden Magnetfeld eine … wirkende Lorentzkraft erfährt?

a) … nach links …

b) … nach unten …

c) … zum Betrachter …

★★

T 10: Diese Kurve zeigt, wie der Betrag der Lorentzkraft F vom Winkel α zwischen Magnetfeld- und Bewegungs- bzw. Stromrichtung abhängt. Bei welchen Winkeln ist die Kraft …

a) … maximal?

b) … halb maximal?

c) … etwa proportional zum Winkel?

d) … am wenigsten empfindlich gegen kleine Winkeländerungen?

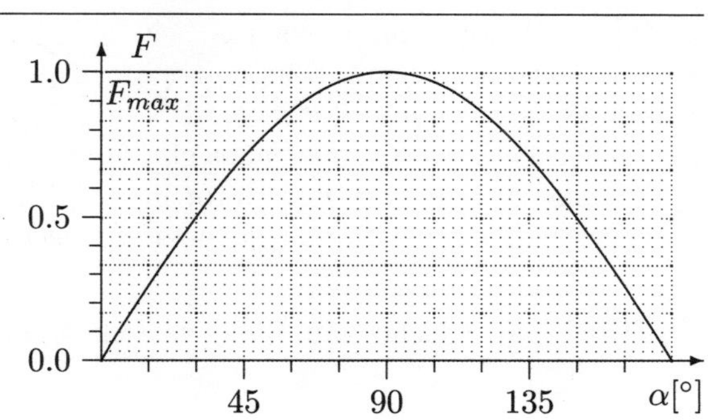

★

T 11: Bis 2019 war ein Ampere definiert als die Stromstärke, die theoretisch in zwei unendlich langen, parallelen Leitern mit 1 Meter Abstand fließen muss, damit je Meter Leiterlänge eine Kraft von $2 \cdot 10^{-7}$ Newton auftritt. Jeder der beiden Leiter erfährt nämlich eine Kraft aufgrund des Magnetfeldes des anderen Leiters. In dieser Zeichung sorgen die gespannten Kraftmesser dafür, dass die beiden Leiter trotzdem in Ruhe bleiben. Bestimme die Richtung des Stroms im oberen Leiter!

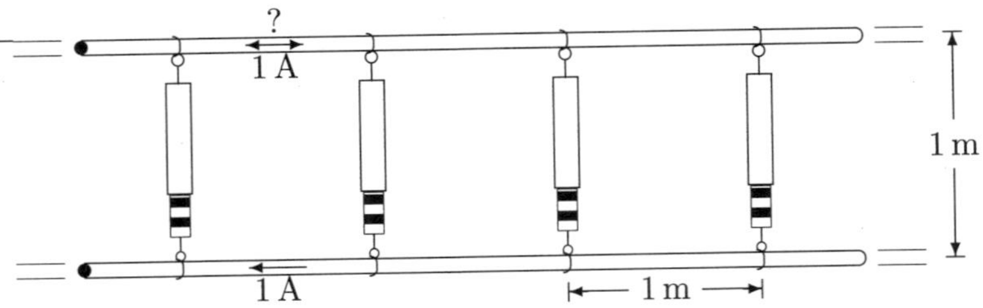

★

T 12: Es waren einmal zwei Leiterstücke, die waren aus demselben lackierten Kupferdraht, lagen ganz dicht nebeneinander und wurden auch immer vom selben Strom in selber Richtung durchflossen, denn die beiden Stücke waren Abschnitte benachbarter Windungen derselben Spule, wie hier mitten im Bild dick eingezeichnet. Nennen wir die beiden Liwin (*li*nke *Win*dung) und Rewin. (Oder lieber Ludwin und Erwin?) Wenn durch Liwin Strom fließt, dann gehört zu diesem Strom ein Magnetfeld um Liwin herum, das auch Rewin durchsetzt. Rewin erfährt deshalb eine Lorentzkraft.

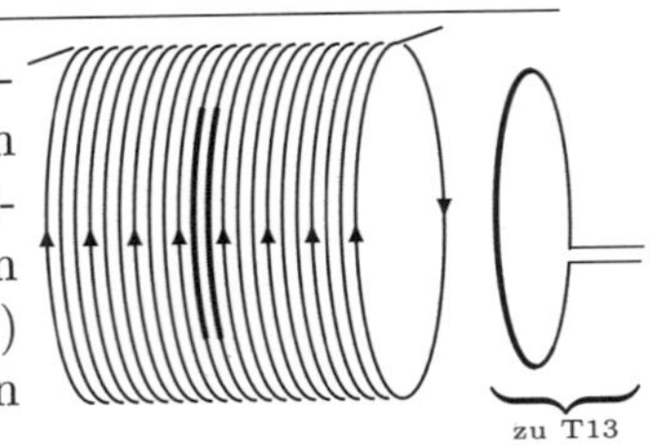

a) Bestimme für eine Stromrichtung nach oben die Richtung dieser Kraft auf Rewin! Schreibe dazu der Reihe nach auf, nach welchen Regeln welche Deiner Körperteile für welche Größen in welche Richtungen zeigen!

b) Bestimme ebenso, in welche Richtung gleichzeitig Liwin Kraft in Rewins Magnetfeld erfährt!

c) Was ergibt sich bei einer Stromrichtung nach unten?

★★

T 13: Diese Skizze ist ein Querschnitt durch das rechte Ende einer Spule längs ihrer Achse. Der Umriss der Spule ist gestrichelt angedeutet. (perspektivische Darstellung: siehe T12) Die ⊙ und ⊗ stellen Schnitte durch den Spulendraht dar, mit der Richtung des Stromes aus der Zeichenebene heraus bzw. in sie hinein. Zusätzlich sind auf selbe Art zwei einzelne Leiterschleifen eingezeichnet, die sich innerhalb bzw. außerhalb der Spule befinden. Tief innerhalb der Spule verlaufen die Feldlinien praktisch axial, d.h. parallel zur Achse. Außerhalb haben sie auch eine radiale Komponente, d.h. hier senkrecht auf die Achse hin. (siehe Pfeilspitzen) Bestimme für die beiden Leiterschleifen jeweils, welche Richtung die Lorentzkraft auf kurze Segmente der Schleife hat, und welche Richtung die resultierende Kraft auf die gesamte Schleife hat!

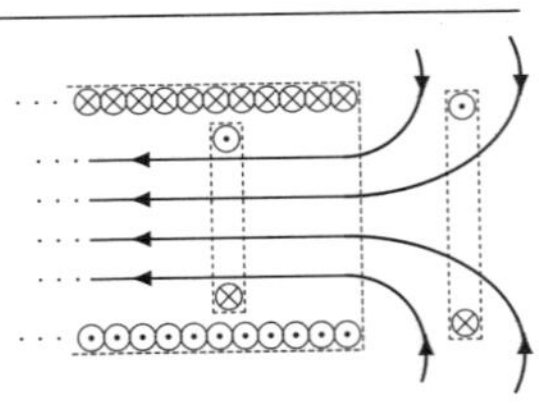

Elektromotoren

T 60: Gib 12 Beispiele an, wo Elektromotoren arbeiten!

T 62: Welche Anforderungen stellt man an Schleifkontakte? Welcher nicht-metallische Werkstoff wird oft verwendet?

T 64: Ein paar Fragen zu Elektromotoren

a) Warum polt man lieber den Rotor um als den Stator?

b) Wie oft wird der Rotor bei einer Umdrehung umgepolt?

c) Unter welcher Voraussetzung könnte man für die Umpolungen einfach Wechselspannung benutzen?

d) Wozu dient in einem Elektromotor der *Kommutator*?

★

T 66: (und ex-T68) Ein Motor bestehe aus einem Doppel-T-Anker zwischen den Polen eines Hufeisenmagneten.

a) Warum läuft er fast nie von selbst an, wenn man den Strom einschaltet, und warum läuft er nicht schön „rund“?

b) Wie müsste man den Motor bauen, um diese Mängel zu beheben?

c) Wie verhält sich der Motor, wenn man die Stromzufuhr umpolt?

d) Wie, wenn man Wechselspannung anlegt?

★

T 67: Wir betrachten einen Gleichstrom-Elektromotor mit Doppel-T-Anker als Rotor. Als Stator werde ein <u>Dauer</u>magnet verwendet oder ein <u>Elektro</u>magnet, der mit dem Rotor in Serie geschaltet sei. Gib mit „ja/nein“ für jede Variante an, ob der Motor die genannten Eigenschaften hat!

Eigenschaft	Dauer	Elektro
läuft aus dem Stand sicher von selbst an		
kann für beide Drehrichtungen genutzt werden		
läuft auch mit Wechselstrom		

★

T 70: Wie erreicht man, dass ein Elektromotor auch mit Wechselstrom läuft?

★
T 71: Eine Spule kann entlang einer gefetteten Aluminiumschiene zwischen den Südpolen zweier Dauermagneten hin und her gleiten. An den Enden der Schiene stößt die Spule (mit den Dreieckchen als Puffer) an Schalthebel von Wechselschaltern. Die Schalthebel sind über eine Plastik-Kette miteinander verbunden. Dein Job: Verkabele die Wechselschalter, die Batterie und die Spule mit ausreichend langen Kabeln so, dass ... – ja, was könnte hier eigentlich passieren?

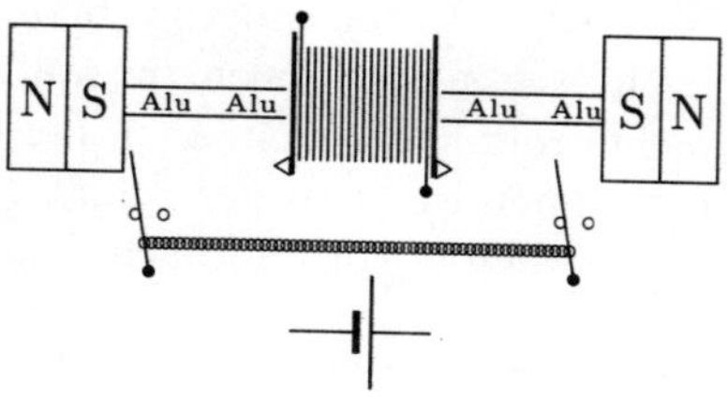

Induktion

T 120: Heini: *„Unser Lehrer fängt an zu verkalken: Heute hat er uns den gleichen Leiterschaukelversuch wie beim Thema Lorentzkraft schon wieder vorgeführt, diesmal aber was von Induktion dazugelabert!“* Natürlich weißt *Du* es besser: Was war zwar gleich, worin lag aber der Unterschied?

T 122: In welcher Richtung fließt der Strom, wenn in der folgend dargestellten Anordnung der Metallstab auf den Schienen nach rechts gerollt wird? Was ändert sich daran, wenn man das Magnetfeld umpolt und die Bewegungsrichtung umkehrt?

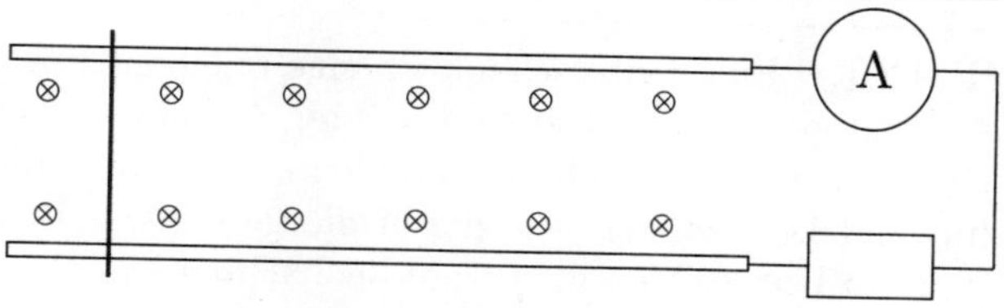

★
T 123: Auf einem Campingplatz in Afrika verlaufe das Erdmagnetfeld genau nach Norden. Ein Camper hält eine metallene Zeltstange waagerecht in Ost-West-Richtung. Dann lässt er sie fallen. Welches Vorzeichen hat die elektrische Aufladung des östlichen Endes der Stange beim Auftreffen auf dem Boden?

★
T 124: Eine Leiterschaukel wurde ausgelenkt, losgelassen und schaukelt nun im Bereich zwischen den Schenkeln eines Hufeisenmagneten hin und her. Skizziere, wie sich die Induktionsspannung zwischen ihren Enden mit der Zeit verändert!

★
T 126: Wie ändert sich die induzierte Wechselspannung, wenn man unter sonst gleichen Bedingungen eine Generatorspule schneller dreht?

★★
T 128: Beschreibe und erkläre das Verhalten dieser Schaltung! Insbesondere: Wann leuchtet welche Lampe?

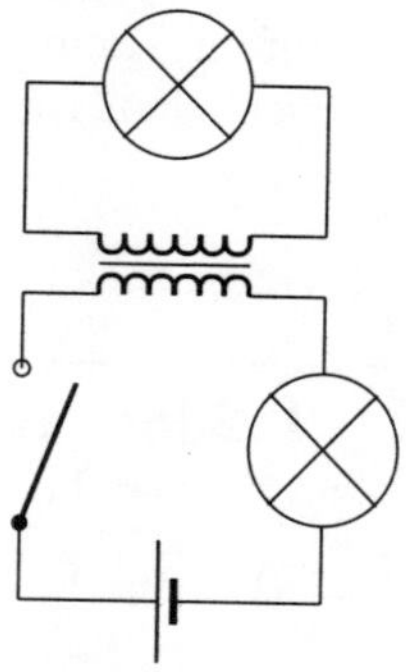

T 130: Schreibe folgende Sätze über drei grundlegende elektromagnetische Gesetzmäßigkeiten mit folgenden Einsetzungen richtig ergänzt in Dein Heft! Einsetzungen (zwei bleiben übrig!): *3-Finger, umgeben, Teilchen, geladene, ruhende, Leiterschleife, Magnetfeldern, Magnetfeldern, bewegte, erfahren, Ströme, Lorentzkräfte, Spannung, Änderungen, Flusses, Rechte-Faust, Linkes-Knie, induzieren*

- Elektrische [?] sind von [?] gemäß [?]-Regel [?].
- [?] elektrisch [?] [?] [?] in [?] [?] gemäß [?]-Regel.
- [?] des magnetischen [?] durch eine [?] [?] in der Schleife eine [?].

Lenz'sche Regel

T 180: Über den Eisenkern einer Spule ist ein leichter Metallring geführt, der an einem Seil hängend frei pendeln kann. Es wird ein Strom durch die Spule eingeschaltet und nach einiger Zeit wieder ausgeschaltet. Beschreibe und erkläre die Beobachtung!

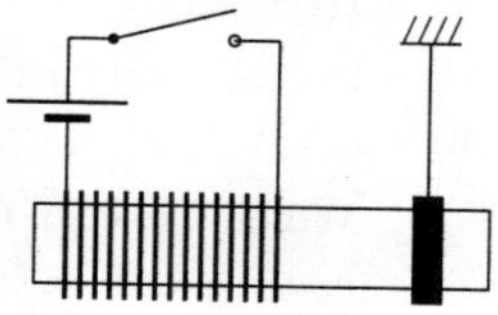

★
T 181: Lage: ein aufrecht stehender Eisenkern; eine Spule aus Kupferdraht unten daran befestigt; über einen Schalter an eine Batterie angeschlossen; oben ein Ring aus Aluminium auf einer (nicht eingezeichneten) Halterung aus Pappe locker um den Eisenkern herum gelegt. Die technischen Daten seien so, dass ein deutlich sichbarer Effekt eintritt, wenn der Schalter geschlossen wird. Beschreibe und erläutere diesen Effekt!

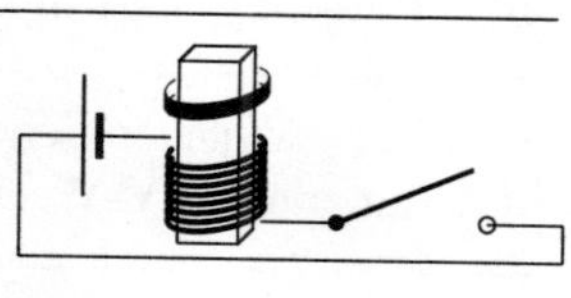

★

T 182: In folgender Abbildung wird der Metallstab nach rechts angestoßen, woraufhin er reibungfrei nach rechts rollt. Nachdem er in der Hälfte der Schienen angekommen ist, wird der Schalter geschlossen. Beschreibe die Bewegung vor und nach dem Schließen!

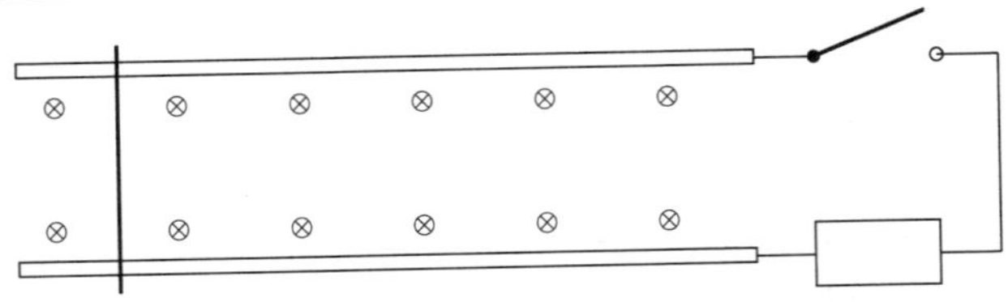

★

T 184: Ein blanker Metallstab kann auf zwei spannungsführenden ebenen Schienen reibungsfrei rollen. Zwischen den Schienen herrscht ein Magnetfeld, wie folgend dargestellt:

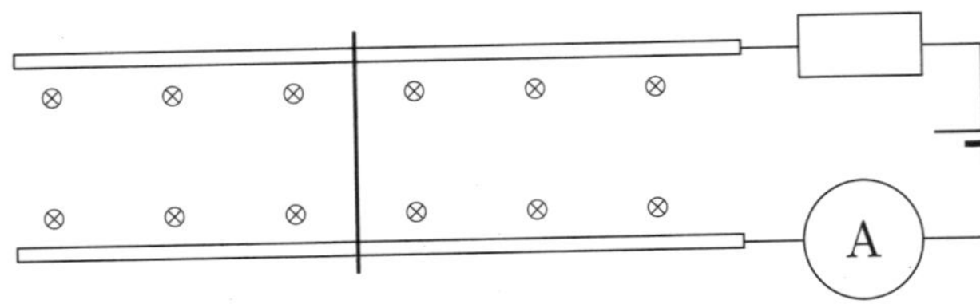

a) In welcher Richtung wirkt die Lorentzkraft auf den Metallstab?

b) Macht es für die Stromstärke einen Unterschied, ob der Stab festgehalten wird oder frei rollen kann? Welchen Einfluss hat die Rollgeschwindigkeit?

★★

T 185: Eine Leiterschaukel hänge in einen Hufeisenmagneten hinein wie nebenstehend gezeichnet. Die Enden ihrer Aufhängedrähte sind elektrisch nur über den eingezeichneten Schalter verbunden. Man stößt die Schaukel nun so an, dass sie hin und her pendelt, wie durch die gebogenen Pfeilchen angedeutet. Beschreibe, welchen Unterschied man wohl beobachten kann, je nachdem, ob der Schalter offen oder geschlossen ist! Erkläre, wie der Unterschied zustande kommt!

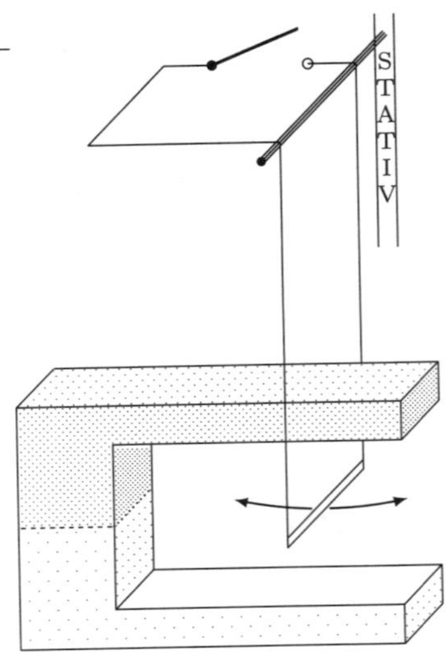

★

T 186: Nebenstehend siehst Du eine Wirbelstrombremse skizziert: Die Achse (∗) soll in ihrer Drehung gebremst werden. Dazu ist auf der Achse eine Metallscheibe starr montiert. Einen Bereich dieser mitrotierenden Scheibe kann man von einem Magnetfeld durchsetzen lassen, dessen Feldlinien (⊗) dann wie gezeichnet z.B. in die Zeichenebene hinein verlaufen. Erkläre, warum die rotierende Scheibe bei eingeschaltetem Magnetfeld gebremst wird! Betrachte dazu die Bewegung der frei beweglichen Elektronen der Scheibe! Zeichne die Wirbelströme ein!

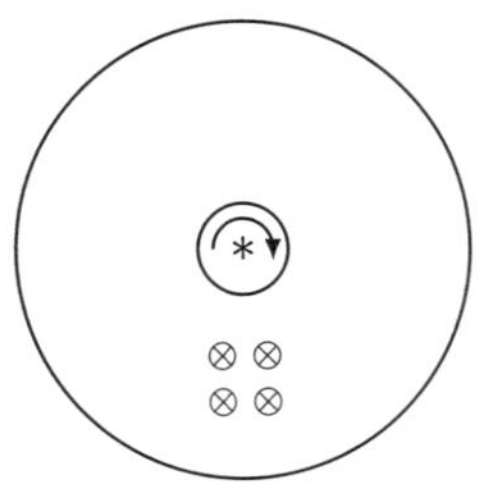

Wechselspannung

T 238: Ein Generator erzeuge eine sinusförmige Wechselspannung mit einer Frequenz von 25 Hz und 400 V Amplitude.

a) Wie lange dauert eine halbe Umdrehung der Generatorspule?

b) Beschrifte das Diagramm! (aufgetragene Größen in den Kästchen und Zahlenwerte an den mit • markierten Stellen)

c) Berechne die Effektivspannung und zeichne sie ein!

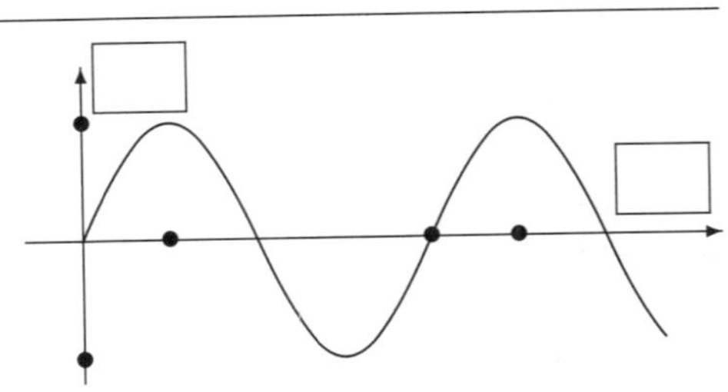

T 240: Eine Generatorspule drehe sich 300-mal pro Minute und erzeuge dabei eine Wechselspannung mit 40 V als Amplitude.

a) Welche Frequenz und welche Schwingungsdauer hat die erzeugte Spannung?

b) Berechne die Effektivspannung!

T 242 Welchen Scheitelwert und welchen Effektivwert hat die 230 V-Wechselspannung im Haushalt?

T 244: In einem Generator rotiere eine Spule mit 1200 Umdrehungen pro Minute in einem geeigneten Magnetfeld.

a) Berechne die Frequenz der erzeugten Wechselspannung in der Einheit Hertz!

b) Wie viel Zeit vergeht zwischen zwei Vorzeichenwechseln der Spannung?

c) Nach wie vielen Umdrehungen hatte die Wechselspannung 3000 Vorzeichenwechsel?

T 246 Wie lange behält ein Wechselstrom der Frequenz 50 Hz seine Richtung ohne Unterbrechung bei?

T 247: Herzlichen Glückwunsch! (zu was auch immer ...)

a) Wie viele Herzen erkennst Du?

b) Wie viel Hertz erkennst Du?

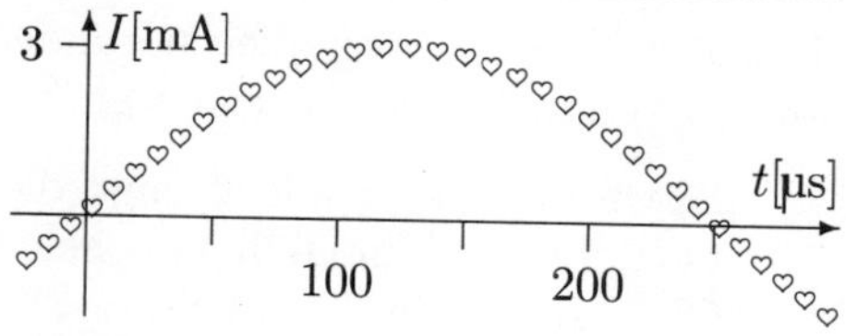

★

T 248: Ein Tauchsieder hat bei Betrieb an 230 V Wechselspannung 25 Ω Widerstand. Berechne den Effektivwert und den Scheitelwert der Stromstärke!

★

T 249: Bestimme aus dem Oszilloskop-Bild die Frequenz und den Scheitelwert der dargestellten Wechselspannung! Das Gerät sei im Moment so eingestellt, dass ein Kästchen mit seinen Abmessungen für 20 ms bzw. 5 V steht.

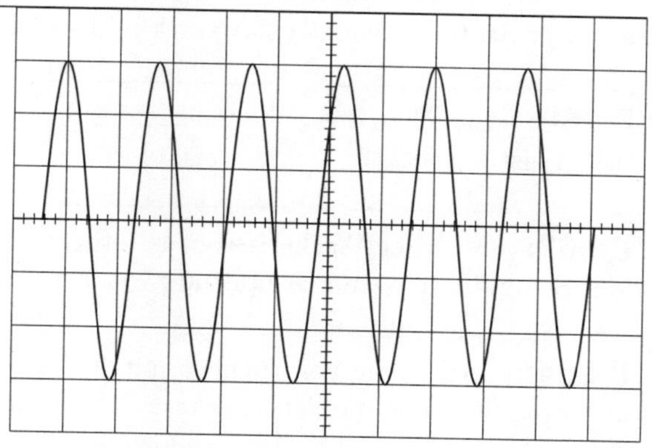

★

T 250: Beschreibe, wie sich die Elektronen in einem Kabel bewegen, wenn sie angetrieben werden von:

a) einer Wechselspannung

b) einer pulsierenden Gleichspannung

★

T 252: Lies aus folgenden Oszilloskop-Bildern (im 1- bzw. 2-Kanal-Modus) die Frequenz und den Scheitelwert der dargestellten Wechselspannungen ab! (Die Einheiten der Achsen stehen jeweils unter dem Bild.)

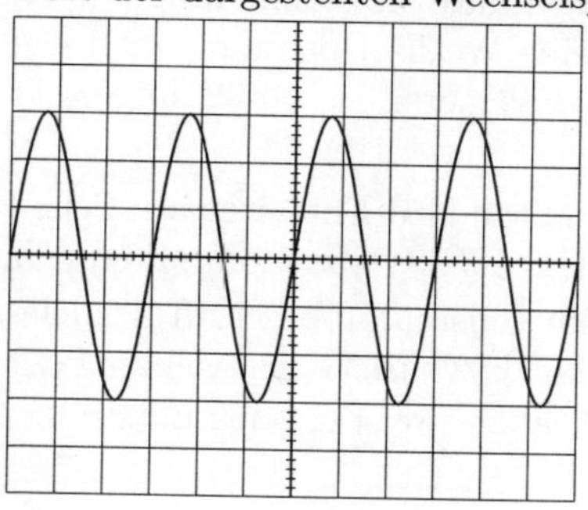

4 ms, 2 V

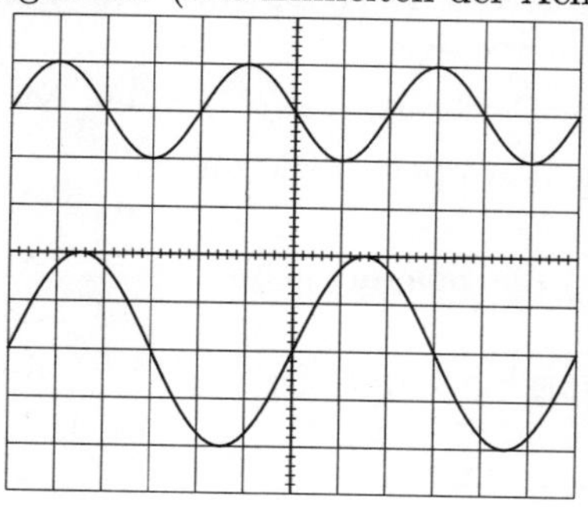

50 µs, 100 mV

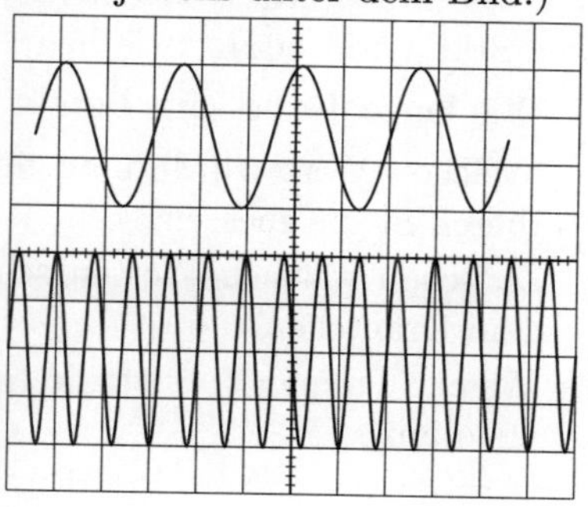

10 ms, 50 V

★

T 254: Welche Werte liegen auf den Stellen Ⓧ und Ⓨ der Koordinatenachsen jeweils, wenn für die dargestellte Wechselspannung Folgendes gilt?

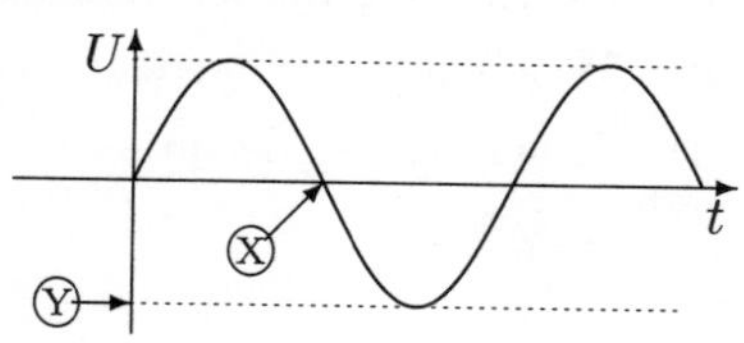

a) Die Schwingungsdauer beträgt 12 ms, und 5 V ist der Scheitelwert.

b) Die Spannung beträgt effektiv 14 V und hat 200 Hz als Frequenz.

c) Es handelt sich um die Spannung einer Steckdose zu Hause.

d) U erreicht 240-mal pro Minute seinen größten Betrag von 25 V.

e) Die Nulldurchgänge liegen 200 ms auseinander, und die Amplitude beträgt 10 kV.

★

T 255: Welche Werte liegen auf den Stellen Ⓧ, Ⓨ und Ⓩ der Koordinatenachsen jeweils, wenn für den dargestellten Wechselstrom Folgendes gilt?

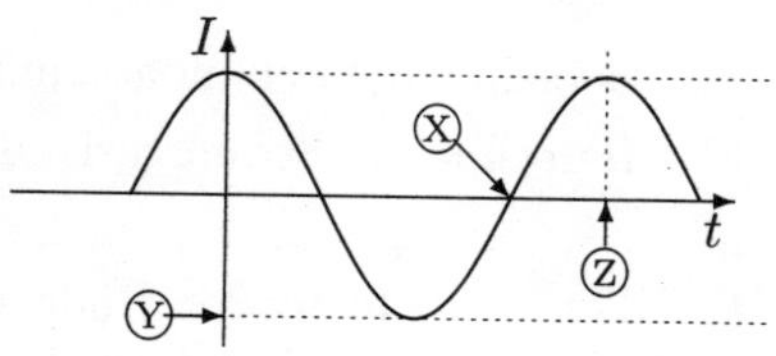

a) Er wird in einer Spule erzeugt, die mit 6000 Umdrehungen pro Minute rotiert. Er lässt ein Glühlämpchen ebenso hell leuchten wie ein konstanter Gleichstrom von 707 mA Stärke.

b) Er fließt mit einer Frequenz von 5 kHz durch einen 60 Ω großen Widerstand, an dem eine Spannung mit Scheitelwert 30 V abfällt.

★

T 256: Ein Heizdrähtchen mit einem ohmschen Widerstand von 12 Ω werde von einem Wechselstrom der Frequenz 80 Hz durchflossen. Die Stromstärke weise gerade ihren maximalen Wert von 600 mA auf.

a) Wie lange dauert es, bis die Stromstärke das nächste Mal Null beträgt?

b) Berechne den Effektivwert der Stromstärke!

c) Berechne die mittlere Heizleistung!

d) Wie viel Spannung liegt effektiv am Drähtchen an?

★ **T 258:** Welche Werte liegen auf den Stellen Ⓧ und Ⓨ der Koordinatenachsen jeweils, wenn für den dargestellten Wechselstrom Folgendes gilt?

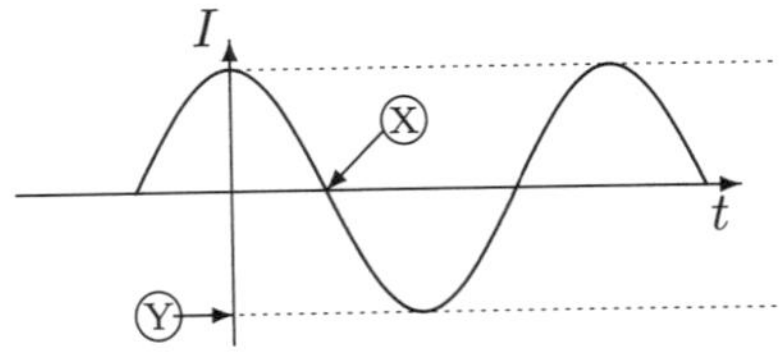

a) Er wird in einer Spule erzeugt, die mit 40 Umdrehungen pro Sekunde rotiert. Er lässt ein Glühlämpchen ebenso hell leuchten wie ein konstanter Gleichstrom von 64 mA Stärke.

b) Er fließt mit einer Frequenz von 200 Hz durch einen 60 Ω großen Widerstand, an dem eine Spannung mit Scheitelwert 30 V abfällt.

c) Der Strom ist effektiv 3 A stark und wechselt 3000-mal pro Minute die Richtung.

★ **T 260:** Berechne den Scheitelwert des Stromes, der durch eine Kochplatte mit 230 V~ Betriebsspanung und 3 kW Leistung fließt!

T 262: Welcher Wechselstrom ist stärker: Strom Ⓐ mit einem Effektivwert von 5 A und 50 Hz Frequenz oder Strom Ⓑ mit einer Amplitude von 7 A und 30 Hz Frequenz?

★ **T 264:** An einen Verbraucher mit 3 Ω Widerstand wird eine 50 Hz-Wechselspannung mit effektiven 24 V angelegt. Berechne die Scheitelwerte der Spannung und der Stromstärke sowie die mittlere Leistung!

★ **T 266:** Ein Glühdrähtchen mit einem ohmschen Widerstand von 20 Ω werde von einem Wechselstrom durchflossen, dessen Stärke mit 50 Hz zwischen ±40 mA wechsele.

a) Wie lange dauert eine Periode dieses Wechselstroms?

b) Welchen Wert würde man mit einem Amperemeter für diesen Strom messen?

c) Zwischen welchen Werten schwankt die Spannung über dem Drähtchen?

d) Welche Frequenz weist die Spannung über dem Drähtchen auf?

★ **T 267:** Eine Spule rotiere mit 2400 Umdrehungen pro Minute in einem Magnetfeld, so dass in ihr eine Wechselspannung entstehe, die von einem Voltmeter als 140 V angezeigt werde.

a) Gib in den Standard-Einheiten an: Scheitelspannung, Effektivspannung, Frequenz

b) Zeichne ein vollständig beschriftetes Diagramm, das die zeitliche Entwicklung der Spannung über zwei Perioden darstellt!

★ **T 268:** Eine sinusförmige Wechselspannung mit einer Frequenz von 80 Hz hat 100 V als Scheitelspannung. An diese Wechselspannung wird ein Verbraucher angeschlossen, der einen Widerstand von 2,5 Ω hat.

a) Welchen Effektivwert hat die Spannung?

b) Warum verwendet man überhaupt neben Scheitelwerten gerne die Effektivwerte?

c) Welchen Betrag erreicht die Stromstärke maximal?

d) In wie vielen Zeitpunkten pro Minute fließt gar kein Strom?

Transformatoren

T 320: Ein idealer Transformator bestehe primärseitig aus einer Spule mit 300 Windungen, sekundärseitig hat er 20 Windungen. Es wird eine Primärspannung von 240 V angelegt und mit der Sekundärspannung eine Lokomotive einer Modelleisenbahn mit einem Widerstand von 40 Ω angeschlossen.

a) Berechne die Sekundärspannung!

b) Berechne die Stromstärke durch die Lokomotive!

c) Berechne die Stromstärke auf der Primärseite!

d) Berechne die Leistungen auf beiden Seiten!

T 321: Die folgenden Bildchen stellen jeweils einen Ausschnitt aus einer Schaltung mit Transformator dar, betrieben mit sinusförmiger Wechselspannung. Außer Spannungen und Stromstärken sind Windungszahlen angegeben. Für welchen Wert steht das Fragezeichen jeweils?

a)

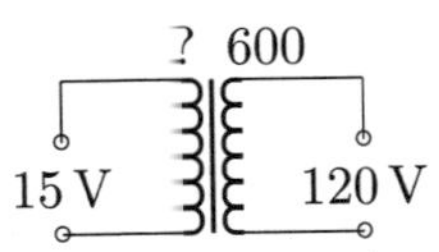

b)

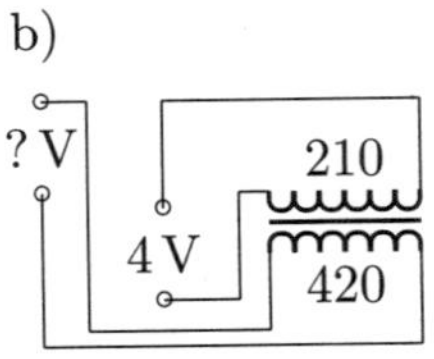

c)

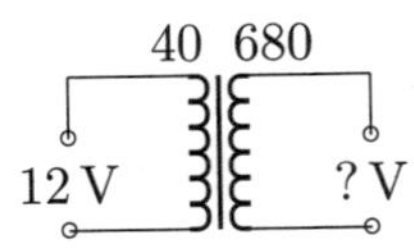

d)

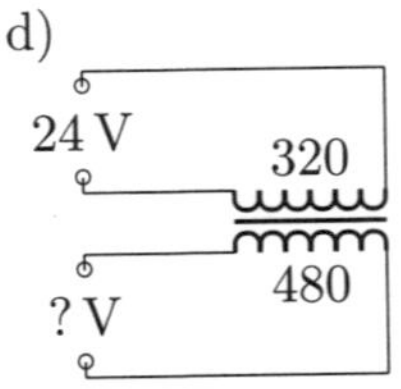

e)

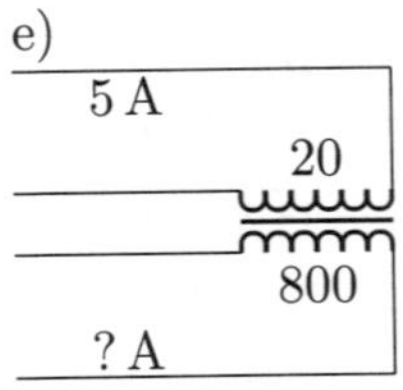

T 322: Die Primärspule eines Netzgerätes habe 2000 Windungen, die Sekundärspule nur 250, in einer Lage nebeneinander gewickelt. An der Sekundärspule ist an einem Ende ein Anschluss fest angelötet, ein weiterer Anschluss ist als Schleifkontakt ausgeführt, der von Windung zu Windung verschoben werden kann.

a) Um wie viel ändert sich die mit den Anschlüssen abgegriffene Spannung, wenn man den Schleifkontakt um eine (zwei, zehn) Windungen verschiebt?

b) Welche Spannung kann höchstens abgegriffen werden?

c) Beantworte die vorigen Fragen für 500 Sekundärwindungen!

T 323: wie T321

a)

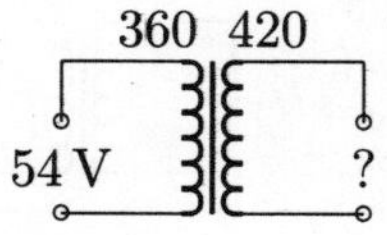

b)

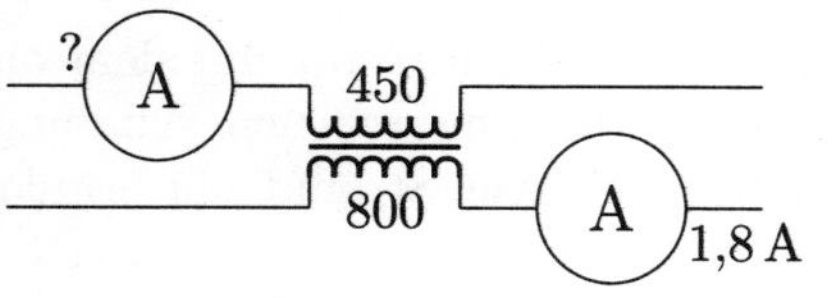

c)

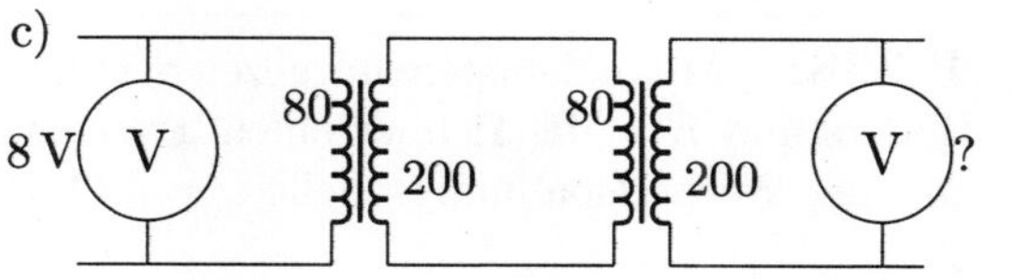

T 324: Flora möchte ein 12 V-Lämpchen betreiben, hat jedoch nur eine 230 V-Steckdose, eine Spule mit 600 Windungen auf einem Eisenkern und genügend Kabel zur Verfügung. Flora baut sich daraus einen Transformator. Als Primärspule nimmt sie die 600er-Spule an der Steckdose, die Sekundärspule wickelt sie aus dem Kabel um den Eisenkern. Wie viele Wicklungen sollte sie wickeln?

T 325: Klaus hat einen kleinen Tauchsieder, der zum Betrieb an einer Autobatterie (12 V) ausgelegt ist und so verwendet 180 W leistet. Klaus möchte diesen Tauchsieder mit einer haushaltsüblichen 230 V-Steckdose als Elektrizitätsquelle über einen passenden Transformator betreiben.

a) Mache einen Vorschlag, mit welchen Windungszahlen (jeweils mindestens 100) der Transformator aufgebaut sein könnte! Zeichne einen Schaltplan!

b) Wie viel Strom muss die Steckdose mindestens liefern?

T 326: Wie viele Windungen sind bei einem Transformator primärseitig erforderlich, damit bei einer Primärspannung von 12 V ~ in seiner Sekundärspule mit 320 Windungen 20 V ~ (30 V ~) induziert werden?

T 327: Die Primärspule eines Transformators habe 3450 Windungen und werde an 230 V Wechselspannung angeschlossen. Aus seiner Sekundärspule mit 75 Windungen wird das Glühdrähtchen eines Fadenstrahlrohrs mit Strom versorgt. Wie viel Strom fließt primärseitig, wenn das Drähtchen 2 Ω Widerstand hat?

T 328: Welche beiden Spannungen kann man mit einer 300er- und einer 24000er-Spule aus 230 V gewinnen?

T 329: Ein spektakulärer Versuch: Die beiden Spulen in diesem Bild haben 600 bzw. 6 Windungen. Als Spannungsquelle ist links eine Steckdose mit 230 V und 50 Hz vorgesehen. Rechts ist ein dicker Eisennagel zwischen den Enden der 6er-Spule eingespannt. Der Nagel habe nur 2 mΩ Widerstand. Berechne die Stromstärke, die die Steckdose unter diesen Umständen liefert!

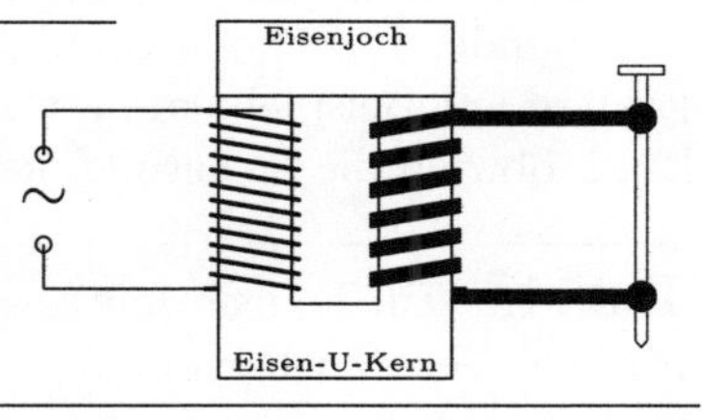

★

T 330: Ein Transformator habe primärseitig 350 Windungen und sei an eine sinusförmige Wechselspannung mit Scheitelwert 70 V angeschlossen. Die Sekundärspule habe 500 Windungen.

a) Berechne den Scheitelwert der Sekundärspannung!

b) Wie viele Sekundärwindungen müssten vorliegen, damit der Trafo sekundärseitig effektiv 100 V liefert?

T 332: wie T321

a)

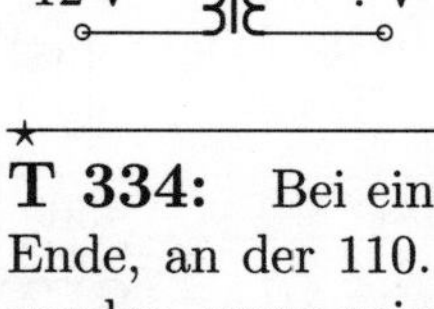

b)

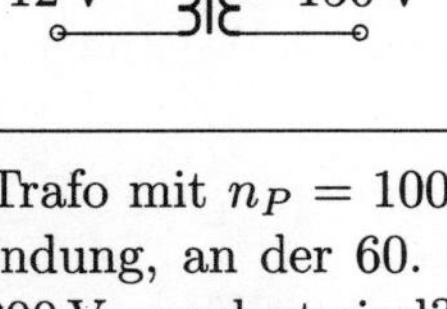

c)

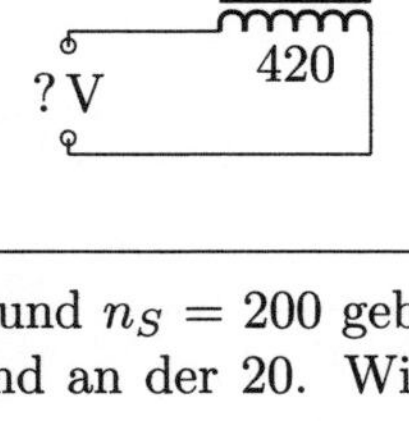

d)

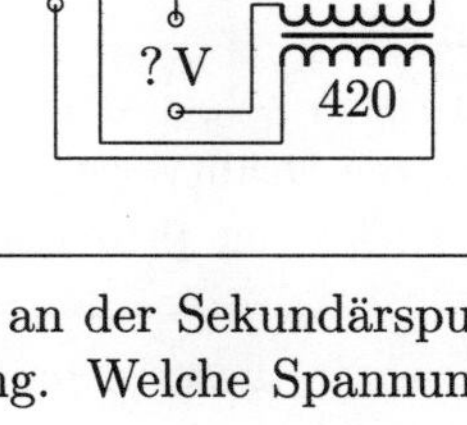

e)

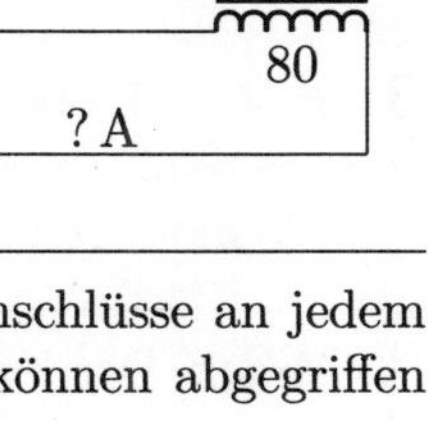

★

T 334: Bei einem Trafo mit $n_P = 1000$ und $n_S = 200$ gebe es an der Sekundärspule Anschlüsse an jedem Ende, an der 110. Windung, an der 60. und an der 20. Windung. Welche Spannungen können abgegriffen werden, wenn primär 200 V angelegt sind?

★
T 336: Beantworte folgende Fragen zu Transformatoren!

a) Warum heißt ein Transformator so?

b) Warum herrscht über jeder Windung im Trafo dieselbe Spannung?

c) Wieso leistet sogar eine Spule mit vernachlässigbarem ohmschen Widerstand einem Wechselstrom Widerstand, obwohl sie einen Gleichstrom kaum hemmen würde?

d) Was versteht man unter einem unbelasteten und was unter einem belasteten Transformator?

e) Welches der beiden Gleichheitszeichen in $\frac{U_P}{U_S} = \frac{n_P}{n_S} = \frac{I_S}{I_P}$ gilt bei einem verlustlosen Transformator streng und nicht nur näherungsweise?

f) Nimmt ein verlustfreier Transformator im Leerlauf elektrische Leistung auf? Fließt ein Primärstrom?

★
T 338: Mit nebenstehend gezeichneter Schaltung wird ein Gerät mit dem ohmschen Widerstand $R = 450\,\Omega$ über einen Transformator mit den angegebenen Windungszahlen an einer Wechselspannungsquelle $U = 12\,\text{V}$ betrieben. Wie viel Strom fließt primärseitig?

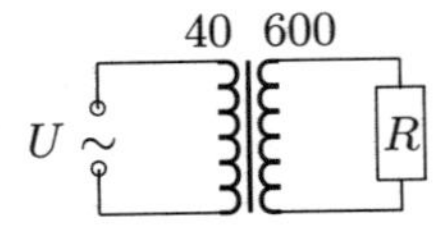

★
T 340: Ein Gerät mit einer Betriebsspannung von 25 V und einer Leistung von 20 W soll über einen Transformator an 400 V angeschlossen werden. Wie groß wird der Primärstrom mindestens?

★
T 342: Ein Gerät mit einer Leistung von 3,6 kW wird über einen passenden Transformator mit 360 Primärwindungen an eine Wechselspannungsquelle mit 400 V angeschlossen. Wie stark ist der Primärstrom?

★
T 344: Zwei baugleiche Transformatoren mit $n_P = 1000$ und $n_S = 5000$ werden wie nebenstehend angedeutet an eine Spannungsquelle mit $U_Q = 110\,\text{V}$ angeschlossen.

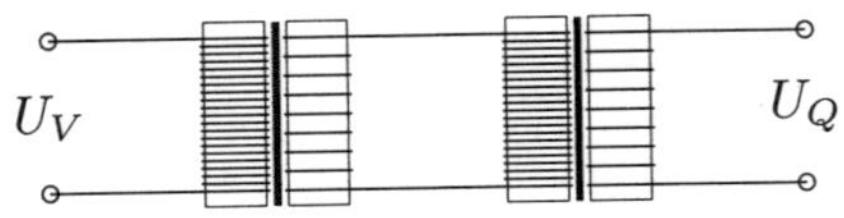

a) Welche Spannung U_V wird damit für einen Verbraucher erzeugt?

b) Wie groß wäre U_V, wenn Verbraucher und Quelle die Seiten tauschten?

c) Wie groß wäre U_V, wenn bei einem der Trafos die Seiten vertauscht würden?

T 346: Welches Übersetzungsverhältnis hat ein „Klingeltrafo“, der wie hier gezeichnet beschriftet ist?

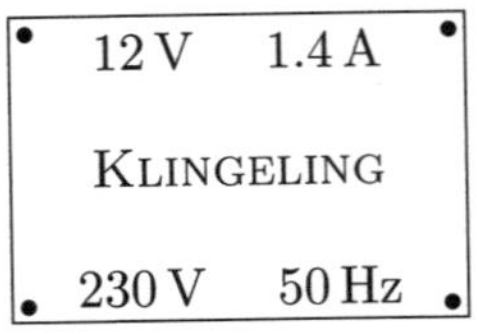

★
T 348: Warum kann man einen Nagel nicht einfach dadurch schmelzen, dass man ihn direkt an die Steckdose anschließt?

★
T 350: Wie groß könnten in unseren Hochstrom- und -spannungsversuchen die Sekundärströme höchstens sein, wenn die Haus-Sicherung Ströme bis 16 A zulässt?

★★
T 352: Bei einer Variante elektrischen Schweißens lässt man über die Berührstelle zweier Metallstücke so starke Ströme fließen, dass die Metalle dort schmelzen, ineinanderfließen und daher nach dem Abkühlen fest miteinander verbunden sind.
Erkläre mit Beispiel-Daten, wie man mit einer gewöhnlichen Steckdose Stromstärken von über 100 A gewinnen kann, obwohl die Sicherung der Steckdose z.B. nur 16 A zulässt!

★
T 354: Ein Transformator spannt unsere Netzspannung von 230 V auf 12 V herunter. An seine Sekundärseite wird ein Verbraucher mit $R = 30\,\Omega$ angeschlossen. Wie groß ist die effektive Primärstromstärke mindestens?

★
T 356: Ein Transformator bestehe aus einer Primärspule mit 550 Windungen und einer Sekundärspule mit 1375 Windungen, an die ein Verbraucher mit $75\,\Omega$ Widerstand angeschlossen sei. Wie viel Strom fließt primärseitig, wenn dort eine Spannung von 80 V anliegt?

★
T 358: Wie ändert sich das Übersetzungsverhältnis eines beliebigen Transformators, wenn man auf der Primär- und der Sekundärseite …

a) .. die Wicklungszahl jeweils verdreifacht? b) …jeweils drei Wicklungen hinzufügt?

★
T 360: Flora möchte sich selbst einen Transformator bauen, der 230 V auf 11,5 V umsetzt. Sie möchte dafür ihren gesamten Drahtvorrat verwenden, der für insgesamt 273 Windungen ausreicht. Wie viele Windungen davon wickelt sie primärseitig?

★
T 362: Der Verbraucher in dieser Schaltung habe einen ohmschen Widerstand von $50\,\Omega$. Bei welcher Spannung U wird eine Leistung von 1,28 W umgesetzt?

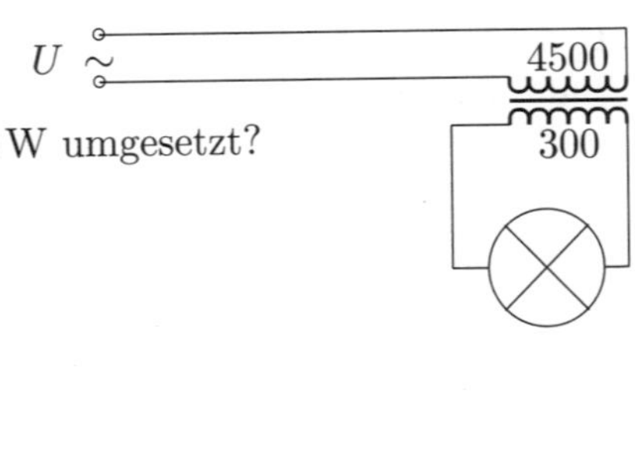

★

T 363: Eine Spule A rotiere mit 2400 Umdrehungen pro Minute in einem Magnetfeld, so dass in ihr eine Wechselspannung entstehe, die von einem Voltmeter als 140 V angezeigt werde.

a) Gib in den Standard-Einheiten an: Scheitelwert, Effektivwert, Frequenz dieser Wechselspannung

b) Zeichne ein vollständig beschriftetes Diagramm, das die zeitliche Entwicklung dieser Spannung über zwei Perioden darstellt!

c) An die Spule A wird eine Spule B (500 Windungen) angeschlossen, die mit Spule C (700 Windungen) auf einem gemeinsamen Eisenkern sitzt. Wie viel Spannung misst man über Spule C?

T 364: wie T321

a)
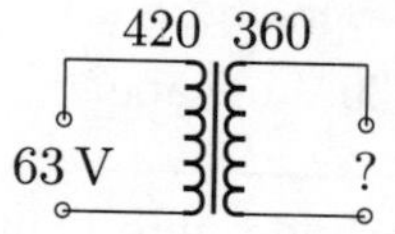

b)
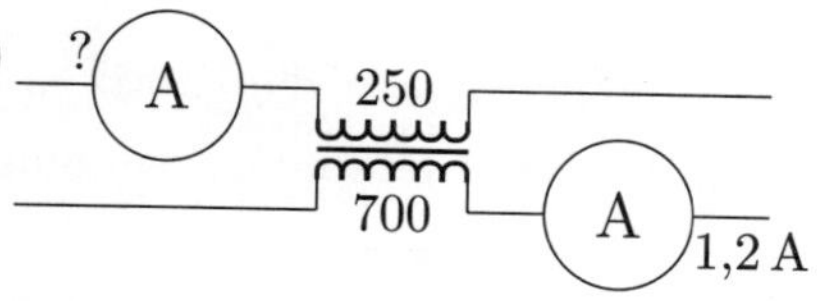

c)
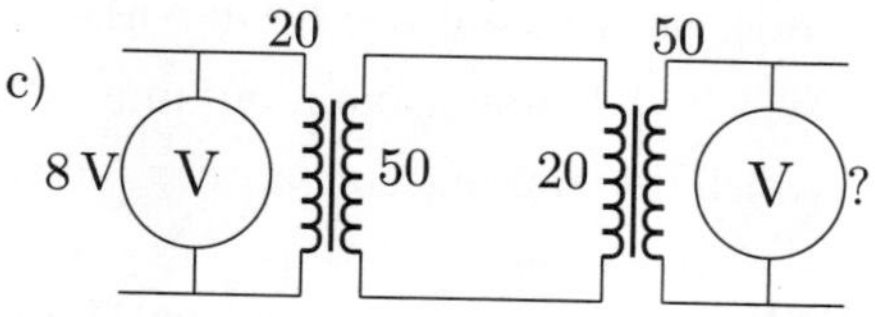

T 366: wie T321

a)
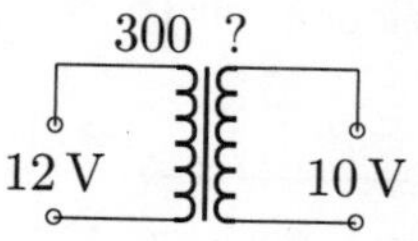

b)
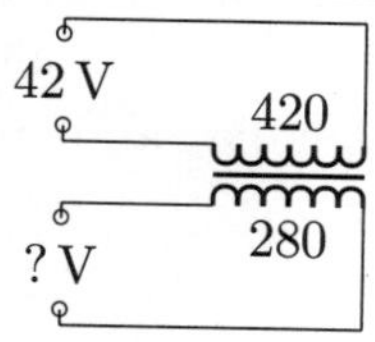

c)
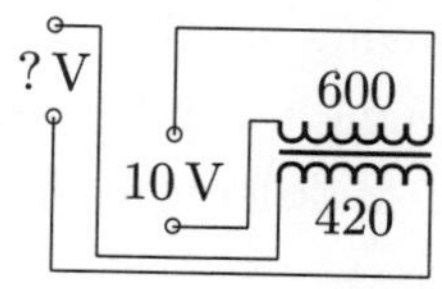

d)
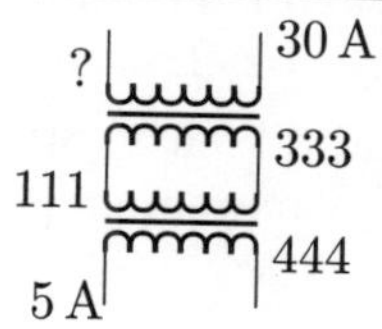

T 368: Schreibe folgende drei Sätze über Transformatoren mit Einsetzungen aus folgender Liste richtig ergänzt auf! Doch Vorsicht: Fünf Wörter der Liste stehen nur zu Deiner Verwirrung dabei.
Einsetzungen: *Änderungen, Eisenkern, Kurzschluss, Leerlauf, Primär, Primär, Sekundär, Sekundär, Sekundär, Spannung, Stromstärke, Toaster, Transformator, abgibt, aufnimmt, geschlossenen, größer, induzieren, kleiner*

- [?] des magnetischen Flusses, den die [?]-spule eines Transformators im [?] erzeugt, [?] in der [?]-spule eine [?].
- Man spricht von einem [?] im [?], wenn seine [?]-spule nicht in einem [?] Stromkreis liegt.
- Die Leistung, die ein Transformator auf seiner [?]-seite [?], ist niemals [?] als die Leistung, die er auf der [?]-seite abgibt.

★

T 370: Mit nebenstehend gezeichneter Schaltung wird ein Gerät mit dem ohmschen Widerstand R über einen Transformator mit den angegebenen Windungszahlen an einer Wechselspannungsquelle mit $U = 5\,\text{V}$ betrieben. Wie groß ist R, wenn primärseitig 25 A fließen?

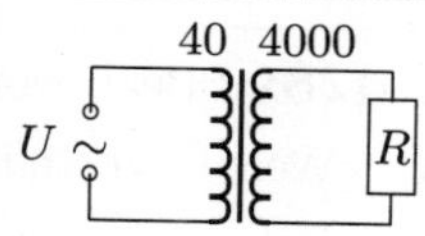

★★

T 372: Auf einen Eisenring sind vier mit $i \in \{1, 2, 3, 4\}$ durchnumerierte Spulen mit $n_i = i \cdot 87$ Wicklungen gewickelt. Ein Ende jeder Spule ist geerdet. Es wird nun an Spule Nummer 3 eine sinusförmige Wechselspannung von 60 V angelegt. Welche Spannungen führen dann die freien Enden der anderen Spulen gegenüber Erde?

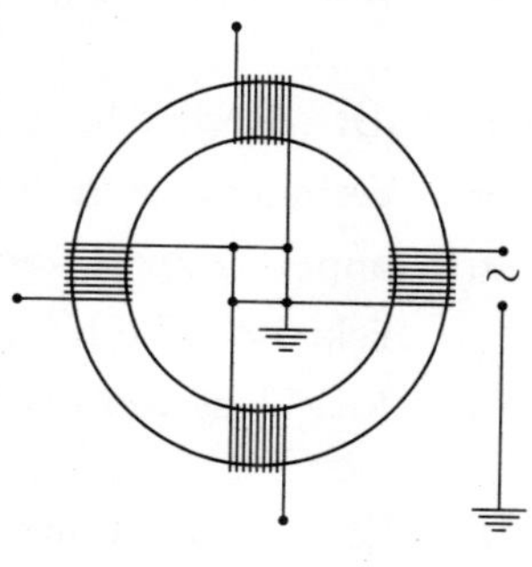

★★

T 374: Ein Transformator, dessen Sekundärspule 120 Windungen weniger als die Primärspule hat, erzeugt aus jeder Primärwechselspannung eine nur ein Drittel so große Sekundärwechselspannung. Wie viele Primärwicklungen hat dieser Trafo?

★★

T 376: Ein Transformator übersetzt Spannungen auf ihren 5-fachen Wert. Hätten seine beiden Spulen jeweils 100 Windungen weniger, wäre der Übersetzungsfaktor sogar 6. Wie viele Wicklungen hat der Trafo insgesamt?

★
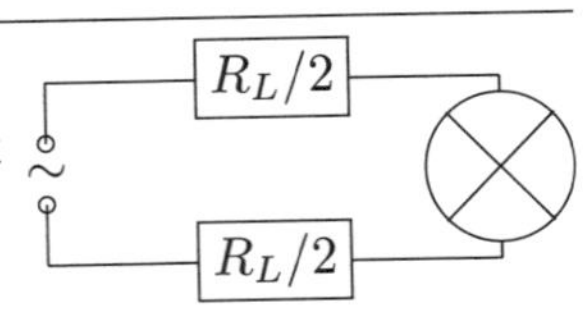

T 420: An das Kraftwerk „Volle Pulle“ in Schilda soll die 59 km entfernte Gummibärenfabrik als Großverbraucher über Kupferkabel angeschlossen werden. Die Fabrik sei für 230 V ausgelegt und leiste 46 kW.

a) Angenommen, die daumendicken Kupferkabel hätten eine Querschnittsfläche von $2\,\mathrm{cm}^2$. Wie groß wäre der Widerstand R_L der gesamten Leitung?

b) Wie viel Strom fließt bei regulärem Betrieb durch den Verbraucher?

c) Welche Leistung wird dabei in den Anschlussleitungen umgesetzt, wenn deren Gesamtwiderstand $R_L = 10\,\Omega$ beträgt?

d) Wie viel Prozent der Kraftwerks-Leistung sind das?

e) Welche Klemmenspannung muss das Kraftwerk haben, damit die Fabrik mit 230 V versorgt wird?

f) Welche Spannung läge an der Fabrik an, wenn das Kraftwerk eine Spannung von 230 V abgäbe?

★
T 422: Auf Anraten eines saarländischen Touristen wird die Stromversorgung in Schilda umgebaut. Am Kraftwerk „Volle Pulle“ wird ein Transformator installiert, der die Ausgangsspannung des Kraftwerkes um den Faktor 50 erhöht. Die erhöhte Spannung wird an die bestehenden Fernleitungen angelegt, an deren Ende ein zweiter Transformator die Spannung für die Gummibärchenfabrik wieder auf ein Fünfzigstel herunterspannt.

a) Welche Stromstärke fließt nun in den Fernleitungen, wenn die Fabrik regulär betrieben wird?

b) Wie viel Prozent der Kraftwerksleistung gehen verloren?

★
T 424: Der Verbraucher (⊗) in dieser Aufgabe soll mit einer Wechselspannung von 110 V versorgt werden und wird dann von einem Strom der Stärke 720 mA durchflossen. Ein Netzgerät als Stromquelle Q ist allerdings nur über lange Leitungen mit jeweils $R = 7{,}5\,\Omega$ Widerstand anschließbar. In jeder der beiden folgenden Varianten wird das Netzgerät so eingestellt, dass der Verbraucher wunschgemäß versorgt wird. Berechne jeweils die Leistung, die in den Leitungen verloren geht!

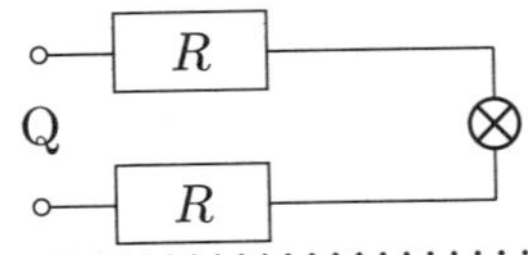

a) Der Verbraucher werde ohne weitere Bauteile an das Netzgerät angeschlossen.

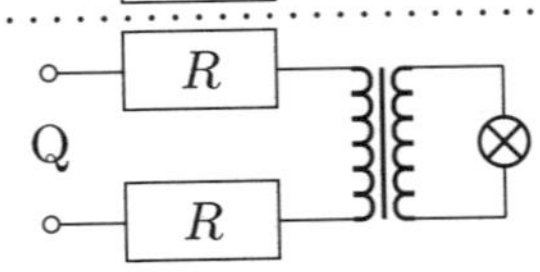

b) Der Verbraucher werde über einen Transformator an das Netzgerät angeschlossen, der 12000 Primär- und 300 Sekundärwicklungen hat.

★★
T 426: Mäxchen Schlau behauptet: „Um elektrische Energie über große Distanz wirtschaftlich zu übertragen, legt man am besten möglichst kleine Spannungen an die Fernleitungen an, denn die Verlustleistung berechnet sich ja nach $P = U^2/R$, wird also kleiner, wenn U kleiner wird.“ Worin liegt Mäxchens Fehler?

★
T 428: Beantworte folgende Fragen:

a) Welche Vorteile hat ein großes Verbundnetz gegenüber regional abgegrenzten Stromversorgern?

b) Belastet ein Kraftwerksausfall bei Athen ein Kraftwerk in Holland?

c) Warum mag die Elektrizitätswirtschaft keine Verbrauchsschwankungen?

d) Warum ist es günstig für einen Elektrizitätsverbund, wenn er sich über mehrere Zeitzonen erstreckt?

★
T 430: Recherchiere Interessantes zu folgenden Themen:

a) Verbundnetze in Europa und anderswo

b) Import/Export von elektrischer Energie

c) elektrische Verbindungen zwischen unserem Verbund und seinen Nachbarn

d) Anschluss von Inseln (z.B. Korsika) an das Netz des Festlands

★
T 432: Obwohl private Haushalte mit maximal nur 400 V versorgt werden, arbeitet das versorgende Netz über weite Strecken mit Hochspannungen bis zu 380 kV, die entsprechend hohe Ansprüche an die Isolation stellen. Warum verwendet man trotzdem solche hohen Spannungen?

★★
T 434: Um elektrische Energie über weite Strecken zu übertragen, verwendet man Hochspannungsleitungen. Erkläre anhand von Dir gewählter Beispiel-Daten, warum man das tut!

★★

T 436: Flora hat sich zwei einsame Inselchen in der Südsee gekauft, die 5 km weit auseinander liegen. Auf der einen Insel baut sie ein Ferienhaus, in dessen Keller sie einen mit Diesel betriebenen Generator installiert, der maximal 9 kW bei 230 V und 50 Hz leistet. Auf der anderen Insel betreibt Flora einen kleinen Leuchtturm, der bei 400 V Betriebsspannung 20 A Strom „verbraucht". Von ihrem Ferienhaus hat sie bereits zwei Leitungen zum Leuchtturm verlegt, von denen die teurere 50 Ω, die billigere 70 Ω Widerstand hat. Nun muss sie noch passende (und verlustlose) Transformatoren an den Enden der Leitung installieren.

a) Auf welche Spannung muss Flora die Generatorspannung für die Übertragung der elektrischen Energie mindestens transformieren, um den Leuchtturm überhaupt betreiben zu können?

b) Welches Übersetzungsverhältnis benötigt sie im Trafo auf der Insel des Leuchtturmes, wenn sie höchstens 2% Energieverlust auf der Leitung in Kauf nehmen möchte?

★

T 438: Werner hat in seinem Gartenhäuschen eine starke Kreissäge stehen, die mit 230 V Wechselspannung zu betreiben ist und dann 3450 W elektrischer Leistung aufnimmt. Die Säge soll vom 270 m entfernt stehenden Wohnhaus mit Strom versorgt werden. Um Energieverluste auf der langen Leitung dazwischen (Gesamtwiderstand: 6 Ω) zu verringern, überträgt Werner die Energie mit Hochspannung. Auf Seite der Kreissäge installiert er im Gartenhäuschen einen („idealen") Transformator aus Spulen mit 12000 bzw. 400 Windungen.

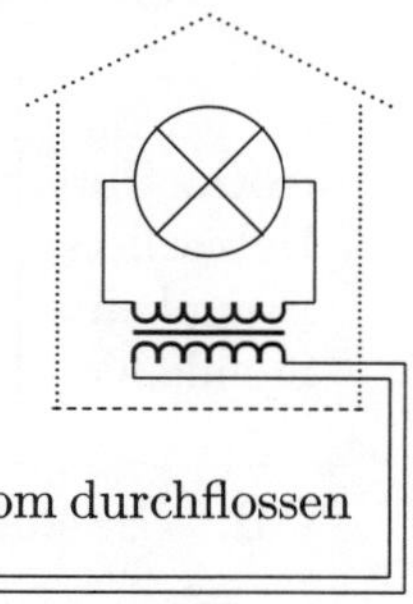

a) Wie viel Leistung wird auf den langen Leitungen ungenutzt umgesetzt?

b) Wie viel Leistung würde auf den Leitungen umgesetzt, wenn diese Leitungen vom selben Strom durchflossen würden, den die Säge benötigt?

c) Wie viel Spannung muss Werner hier: [•~•] idealerweise anlegen?

★★

T 440: Wie passt sich die Leistung der Kraftwerke an die Nachfrage der Verbraucher an? Ergänze möglichst treffend:

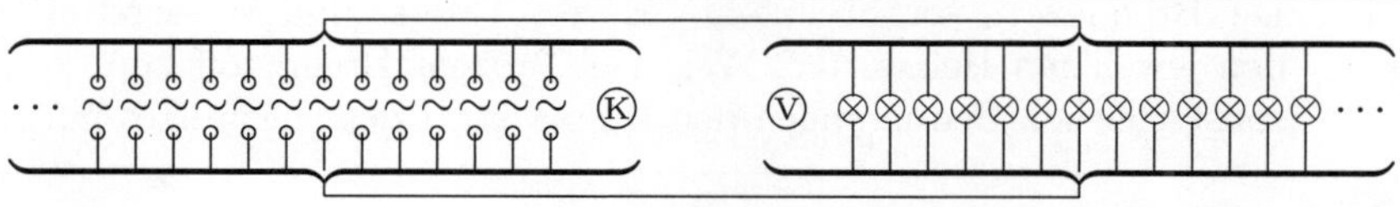

Unser Stromnetz verhält sich in dieser Frage stark vereinfacht wie eine europaweite [?] Ⓚ von [?], die eine [?] Parallelschaltung Ⓥ von [?] mit einer bestimmten [?] versorgt. Ein zusätzlicher [?] in Ⓥ [?] den Gesamt-[?] von Ⓥ, so dass ein [?] Gesamt-[?] fließt, der nach der [?] Regel die [?] von [?] in den [?] stärker [?]. So wird die zusätzliche elektrische [?] für den zusätzlichen [?] zunächst aus der [?] von Generatoren und [?] gespeist, deren [?] dabei [?]. Gegen die so verursachte [?] der [?] geben die Kraftwerke „mehr Gas", um sie wieder auf ihren [?] zu regeln.

Energienutzung

(N) Nutzung von Energie

Brennwert/Heizwert

feste Stoffe		Schütt-
Stoff	HeizW. kJ/g	Dichte g/cm³
trock. Holz	15	0,5
Holzpellets	18	0,65
Braunkohle	20	0,75
Steinkohle	30	0,80

Flüssigkeiten		
Stoff	HzW. kJ/g	Dichte g/cm³
Spiritus	27	0,83
Heizöl, Diesel	43	0,85
Benzin	43	0,74

Gase		
Stoff	HzW. kJ/g	Dichte g/dm³
Erdgas	45	0,80
Wasserstoff	120	0,09

Hinweis: Die meisten Werte sind nur als Beispiele zu verstehen, weil die Zusammensetzung der Stoffe variiert. Nur der Wasserstoff ist chemisch genau definiert.

★
N 0: Brennwert und Heizwert

a) Recherchiere: Was ist der Unterschied zwischen Brennwert und Heizwert? Was bedeutet Brennwerttechnik bei Heizungen?

b) Die Brennwerte von Steinkohle, Heizöl, Erdgas und Wasserstoff liegen um 2%, 6%, 11% bzw. 18% über den jeweiligen Heizwerten. Wie viel Prozent Brennstoff könnte man jeweils einsparen, wenn man unter sonst gleichen Bedingungen den Brenn- statt des Heizwertes nutzen würde?

N 1: Im Zusammenhang mit unserer Energieversorgung wird Energie häufig in der Einheit *Kilowattstunde*, abgekürzt kWh angegeben. Dabei gilt quasi Wort für Wort übersetzt die eingerahmte Umrechnung. Rechne um:

$$\boxed{1\,\text{kWh} = 1 \cdot 1000 \cdot \tfrac{\text{J}}{\text{s}} \cdot 3600\,\text{s} = 3{,}6 \cdot 10^6\,\text{J}}$$

a) 0,33 kWh = ... kJ b) 45 000 J = ... kWh c) 720 MJ = ... kWh

d) $6{,}12 \cdot 10^7$ J = ... kWh e) 1 MWh = ... kWh f) 8 MWh = ... GJ

g) 1 MJ = ... kWh h) 1,2 MWh = ... GJ i) 39600 MJ = ... MWh

j) 24 Wh = ... J k) 0,05 GWh = ... GWs l) 35 mWh = ... J

N 2: Wie viel Energie (in Joule und Kilowattstunden) wird beim Verbrennen von einem Liter Heizöl frei?

N 3: Eine Familie braucht in einem Jahr 30 000 kWh Heizungswärme.

a) Wie viel Kilogramm Holzpellets müsste sie dafür verbrennen?

b) Wie viel Raum ist nötig, um diese Menge zu lagern?

N 4: Wie viel Kilogramm Braunkohle haben den gleichen Heizwert wie eine Tonne Steinkohle?

N 5: Berechne die Heizwerte von Erdgas und von Wasserstoff in der Einheit $\frac{\text{kWh}}{\text{m}^3}$!

N 6: Zeige, dass in 3000 ℓ Heizöl etwa genauso viel Heizwert steckt wie in 3000 m³ Erdgas!

★
N 7: Um in einem Gewächshaus Pflanzen vor leichtem Frost zu schützen, stellt mancher Gärtner brennende Teelichter (unter Tontöpfen) darin auf. Berechne, wie viel Watt Heizleistung ein Teelicht hat, wenn es aus etwa zwölf Gramm Wachs besteht und innerhalb von etwa vier Stunden vollständig abbrennt. Nimm als Heizwert von Wachs 45 kJ/g.

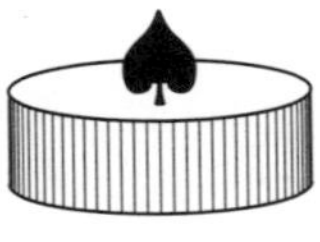

★
N 8: Bestimme überschlägig den Heizwert von feuchtem Holz anhand folgender Aussagen! (Schlage benötigte Materialkonstanten nach!) Frisch geschlagenes Buchenholz verliert beim Lagern an frischer Luft etwa ein Fünftel seines anfänglichen Gewichtes durch Austrocknung. Beim Verbrennen von feuchtem Holz wird dieselbe chemische Energie freigesetzt wie bei trockenem Holz, jedoch zum Teil dafür aufgebraucht, das überschüssig enthaltene Wasser zu verdampfen.

★ **N 10:** In welchem der Energieträger ist die Energie am billigsten, wenn für eine Kilowattstunde Strom 0,30€ verlangt werden, für eine Tonne Holzpellets 400€, für eine Tonne Steinkohle 500€, für einen Liter Heizöl 1€, für einen Liter Benzin 2€, für ein Kilogramm Wasserstoff 10€ und für einen Kubikmeter Erdgas 1€? Rechne jeweils aus, wie viel eine Kilowattstunde kostet!

★ **N 11:** Recherchiere aktuelle Preise und berechne den Preis pro kWh bei den Energieträgern wie in Aufgabe N10

★★ **N 12:** Im Hinblick auf den Klimaschutz interessiert bei Brennstoffen auch deren Freisetzung von Kohlendioxid (O=C=O, CO_2). Man kann mit etwas Chemie ausrechnen, dass pro 12 Gramm verbranntem Kohlenstoff 44 Gramm Kohlendioxid entstehen. Betrachte nun vereinfacht Erdgas als Methan (CH_4) und Benzin als Oktan (C_8H_{18}). Aus den Summenformeln errechnet sich, dass Methan zu 12/16 seiner Masse aus Kohlenstoff besteht, und Oktan sogar zu 96/114, was auch gut zu Heizöl und Diesel passt. Betrachte außerdem noch Steinkohle und trockenes Holz als Stoffe, die ganz bzw. halb aus Kohlenstoff bestehen. Berechne aus diesen Daten und den Heizwerten, wie viel Gramm CO_2 beim Freisetzen von 1 kWh Wärme aus den genannten Stoffen jeweils entsteht!

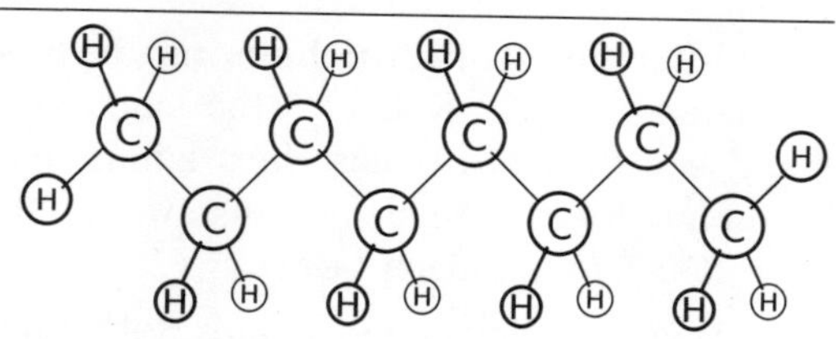

★ **N 13:** Aus Aufgabe N12 könntest Du den Eindruck bekommen, Heizen mit Holz wäre ziemlich klimaschädlich.

a) Warum ist die eigentlich hohe CO_2-Freisetzung beim Verbrennen von Holz kein Problem für's Klima?

b) Warum findet man trotzdem für das Heizen mit Holz Angaben von immerhin bis zu 20 g/kWh ?

c) Welche Emissionen sind bei Holz eher problematisch?

Energiewandler, Wirkungsgrad

★ **N 60:** Eine 2,5 kg schwere Pumpe wird von einem Gleichstrommotor angetrieben, durch den bei einer Betriebsspannung von 50 V ein Strom der Stärke 1,2 A fließt. Die Pumpe fördert pro Minute 15 l Wasser aus einem 20 m tiefen Brunnen. Wie hoch ist der Wirkungsgrad der Pumpe?

N 61: Das kann nicht stimmen:
Das neue Kraftwerk in Entenhausen hat einen Wirkungsgrad von 40%, verfeuert pro Stunde Erdgas mit einem Heizwert von insgesamt 72 GJ *und erzeugt daraus* 45 GJ *elektrischer Energie.*
Berichtige auf drei Wegen durch Abändern jeweils nur einer Zahl so, dass es zumindest rechnerisch stimmt!

★ **N 62:** Wie viel Holz muss man mindestens verfeuern, um einen Topf mit 700 ml eiskaltem Wasser zum Kochen zu bringen? Schätze den Wirkungsgrad des Kochens über einem Lagerfeuer!

★ **N 64:** Wie viele Tonnen Steinkohle muss ein Kraftwerk stündlich verfeuern, um bei einem Wirkungsgrad von 38% eine Leistung von 200 MW abzugeben?

★ **N 66:** Ein Braunkohle-Kraftwerk gibt bei einem Wirkungsgrad von 35% eine elektrische Leistung von 280 MW ab. Wie viel Braunkohle könnte pro Tag eingespart werden, wenn man den Wirkungsgrad auf 36% erhöhen könnte?

★ **N 68:** Stelle eine Übersicht über alle Dir bekannten Formeln zur Arbeit/Energie zusammen! Super wäre eine web-site zu diesem Thema, auf der neben den Bezeichnungen und Formeln auch jeweils eine typische, selbst ausgedachte Beispielaufgabe mit Lösung abgerufen werden könnte. Kleine Grafiken zur Illustration jeder Energieform wären natürlich noch der Hit! Wenn Deine Übersicht außerdem noch zeigen würde, wie manche Formeln als Spezialfälle einer anderen Formel gesehen werden können, wäre das die ultimative Krönung!

N 69: Wow! Der neue Brennwert-Heizkessel von Familie Gluding soll einen Wirkungsgrad von über 100% haben! Geht das mit rechten Dingen zu? Erkläre!

★ **N 70:** Welche Energieumwandlungen finden beim üblichen Betrieb folgender Geräte statt? (mit Verlusten)

a) Bügeleisen
b) Computer
c) Motorrad
d) Solarzelle
e) Luftgewehr
f) Kühlschrank
g) Dampflok
h) Springbrunnen
i) Öl-Förderpumpe

★ **N 71:** Ein Dieselmotor nutze die chemische Energie des Diesels zu 30%, um einen Generator anzutreiben. Der Generator erzeuge mit einem Wirkungsgrad von 85% elektrische Energie. Die elektrische Energie werde zum Antrieb einer Maschine genutzt, bei der 20% der Antriebenergie zu Verlust werde. Welchen Wirkungsgrad hat diese gesamte Kette?

N 72: Rotkäppchens Oma lebt bekanntlich in einem abgelegenen Haus in einem Wald, mindestens seit dem Jahre 1695 und bisher ohne Elektrizität. Zu ihrem nächsten Geburtstag will Rotkäppchen ihr endlich einige elektrische Küchengeräte schenken, die allesamt zum Betrieb an 230 V konzipiert sind und bei gleichzeitigem Betrieb 16,1 kW an elektrischer Leistung aufnehmen. Für Omas Stromversorgung stehen zwei Alternativen zur Debatte:

Anschluss an Rotkäppchens modernes Haus: Die langen Kupfer-Kabel hätten einen Gesamtwiderstand von 60 Ω. In Omas Haus könnte ein Transformator montiert werden, der aus zwei Spulen mit 700 bzw. 35000 Windungen besteht.

a) Wie viel Volt müssen auf Rotkäppchens Seite an die Leitungen gelegt werden, damit Oma alle Geräte gleichzeitig richtig benutzen kann!

b) Wie viel Prozent der gesamten Leistung gehen dann auf den Leitungen verloren?

Dieselmotor und Generator vor Ort: Das gesamte Aggregat hätte einen Wirkungsgrad von 22%. Diesel habe einen Brennwert von $42{,}4\frac{\text{MJ}}{\text{kg}}$ und eine Dichte von $0{,}83\frac{\text{kg}}{\ell}$. Ein Liter kostet im Märchenwald etwa 1,30 Sterntaler.

c) Wie viel Kilogramm Diesel verbraucht Oma, wenn sie alle Geräte drei Stunden laufen lässt?

d) Rechne den Brennwert von Diesel in der Einheit „Megajoule pro Liter“ aus!

N 73: Nach dem gleichen Prinzip, wie ein Kühlschrank Wärme aus seinem Inneren nach außen „pumpt“, bringt eine Heizung mit Wärmepumpe Wärme aus der Umgebungsluft oder dem Erdreich in ein Haus hinein. Die Wärmepumpe wird mit elektrischem Strom angetrieben, dessen Energie letzten Endes ebenfalls zu Wärme wird und zum Heizen zur Verfügung steht. Insgesamt kann im Laufe eines Jahres mit z.B. 8000 kWh elektrischem Energieverbrauch das Haus mit 30 000 kWh geheizt werden.

a) Berechne für dieses Beispiel den Wirkungsgrad, den man hier übrigens *Jahresarbeitszahl* nennt!

b) Wie viel Wärme wird aus der Umgebung entnommen? Wie viel geht letzten Endes dorthin?

Wärmekraft

N 120: Stelle die Energieumwandlungen in einem Kohlekraftwerk verbal oder grafisch dar! (einschließlich der Energieverluste) Aus Deiner Arbeit sollte hervorgehen, welche Energieformen nacheinander hergestellt werden, und welche Anlagen im Kraftwerk dies jeweils bewerkstelligen.

N 121: Ein paar Lehramts-Studenten wollen einen Zeichentrickfilm drehen, der die Funktionsweise eines Kohlekraftwerkes zeigt. Damit es lustiger wird, soll die Hauptrolle ein vermenschlichtes Wassermolekül spielen, das in demjenigen Kreislauf „lebt“, der das Kesselhaus mit dem Maschinenhaus verbindet. Beschreibe grob, was das Molekül bei einem vollständigen Rundlauf nacheinander alles erlebt! Insbesondere: welche Stationen durchlaufen werden, und wie Temperatur und Druck sich dabei entwickeln. Beginne mit dem Eintritt ins Kesselhaus.

N 122: Referat-Vorschläge zu Dampfkraftwerken:

a) Betrieb, Abläufe, Anlagen
b) Reinigung der Rauchgase
c) Erwärmung von Flüssen
d) Kraft-Wärme-Kopplung
e) Mini-KWK
f) Fernwärme
g) Strom aus Müll
h) Kraftwerke im Saarland
i) Rekorde

N 123: Referat-Vorschläge zur Klima-Problematik:

a) Energiebilanz der Erde
b) Treibhauseffekt und -gase
c) Eis-Albedo-Rückkopplung
d) Klimawandel, Wetterextreme
e) Meeresspiegel, Versauerung
f) Europa und der Golfstrom
g) CO_2 einsparen
h) CO_2 bepreisen
i) CO_2 binden

N 124: Referat-Vorschläge zur historischen Entwicklung:

a) Erste Dampfmaschinen: Technik und Anwendung
b) Anfänge der Eisenbahn in England und Deutschland
c) Entwicklung des Kohlebergbaus
d) Entwicklung der Feinstaubbelastung

N 125: Referat-Vorschläge zur Automobiltechnik:

a) KFZ-Elektrik / Zündanlage
b) Getriebe und Kupplungen
c) Abgasreinigung
d) Dieselmotoren
e) Zweitakter
f) Wankelmotoren

N 180: Prinzip eines Flusskraftwerkes

An der Staustufe Mettlach ist die Saar 11 Meter hoch gestaut: Vor der Staumauer steht der Wasserspiegel des ankommenden Wassers 11 m höher als der Wasserspiegel des abfließenden Wassers hinter der Staumauer.

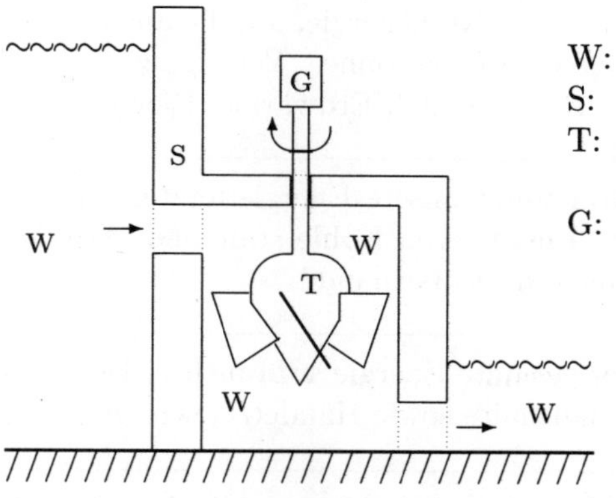

W: Wasser
S: Staumauer
T: Turbine (Kaplan)
G: Generator

a) Wie viel Lageenergie verliert das Flusswasser, wenn 1 Liter Wasser durch die Staumauer fließt? (Hilfsfrage: Wo fehlt (ohne Beachtung sonstiger Zu- bzw. Abflüsse) nachher ein Liter Wasser, wo ist einer dazugekommen? Ja, die Antwort lautet natürlich: jeweils an der Wasseroberfläche!)

b) Wie viel Lageenergie gibt die Saar pro Sekunde dadurch ab, dass in dieser Zeit 35 m^3 Wasser durch jede der beiden Turbinen strömen?

c) Welche Leistung könnte das Kraftwerk demnach höchstens haben?

d) Tatsächlich beträgt die elektrische Leistung des Kraftwerkes bei diesem Durchfluss nur 6400 kW. Berechne den Wirkungsgrad des Kraftwerkes!

e) Wie viel elektrische Energie würde das Kraftwerk in einem Jahr liefern, wenn es ununterbrochen die Leistung aus dem vorigen Aufgabenteil hätte? (Tatsächlich sind es 35 GWh.)

N 181: Oberstufenschülerin Waltraud hat für „Jugend forscht“ ein Modell eines Wasserkraftwerks gebaut: Sie hat einen Bach an einer Engstelle so weit aufgestaut, dass das Wasser vor der Staumauer 90 cm höher steht als dahinter. In den Fuß der Staumauer hat sie natürlich eine kleine Turbine mit Generator eingebaut, durch die nun pro Sekunde 15 ℓ Wasser strömen. Immerhin leistet ihr Kraftwerkchen genug, um eine 60 W-Glühlampe ordentlich zu betreiben. Berechne seinen Wirkungsgrad!

N 182: Das Speicherkraftwerk „Walchensee“ liegt 183 m tiefer als die Oberfläche des Walchensees. Es leistet bis zu 124,5 MW.

a) Wie viel Liter Wasser aus dem Walchensee müssten dann pro Sekunde durch die 8 Turbinen des Kraftwerkes strömen, wenn der Wirkungsgrad 100% betrüge?

b) Entscheide mit Begründung, welche der folgenden Angaben stimmt: Tatsächlich strömen 58 oder 84 Kubikmeter pro Sekunde durch das Kraftwerk.

N 183: Welchen Höhenunterschied müsste ein Wasserkraftwerk nutzen, damit ein Liter Wasser ihm ebensoviel Energie anbietet wie ein Milliliter Öl einem Dampfkraftwerk?

N 184:

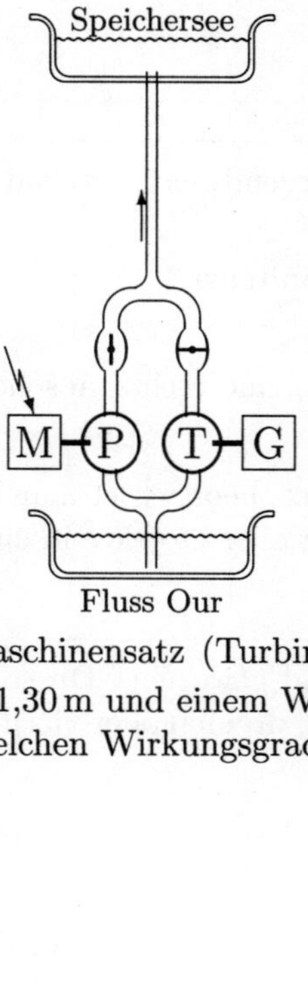

Im Nordosten des Großherzogtums Luxemburg hilft ein Pumpspeicherkraftwerk, Europas Spitzenbedarf an elektrischer Energie zu decken. Zu Zeiten, in denen die Verbraucher deutlich weniger Strom aus dem Netz beziehen, als die Kraftwerke erzeugen können – man denke an nachts –, wird bei der Ortschaft Vianden mit überschüssig produzierter elektrischer Energie Wasser aus dem aufgestauten Fluss Our in ein höher gelegenes Becken gepumpt. (linkes Bild: Motor M und Pumpe Ⓟ) Zu Zeiten, in denen die Nachfrage nach elektrischer Energie besonders hoch ist – man denke an die Mittagszeit –, wird das Wasser aus dem Speichersee wieder abfließen gelassen (rechtes Bild), wobei das Wasser über Turbinen Ⓣ Generatoren G antreibt, welche Strom ins Netz einspeisen.

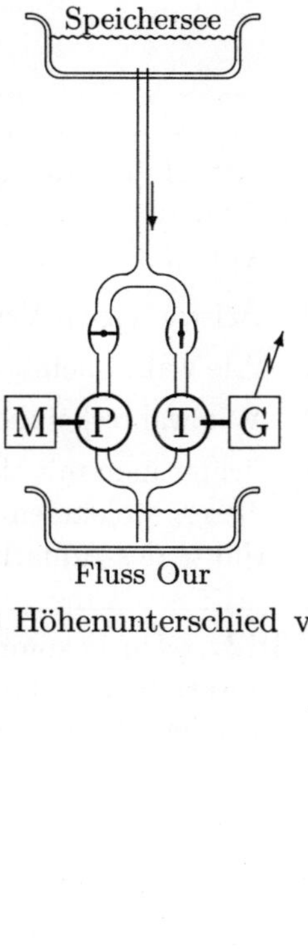

Maschinensatz (Turbine&Generator) Nr. 10 des Kraftwerks gibt bei einem genutzen Höhenunterschied von 291,30 m und einem Wasserstrom von 77 $\frac{m^3}{s}$ eine elektrische Leistung von 196 MW ab.
Welchen Wirkungsgrad hat Maschinensatz Nr.10 ?

Energiequellen

★ **N 240:** Außer der Kernenergie, auf die auch der größte Teil der Erdwärme zurückgeht, stammt alle Energie auf der Erde von unserer Sonne. Verfolge zurück, wie die Sonnenenergie in folgende Energieträger gelangt: Wind, Wasser, Kohle, Erdöl, Erdwärme, Biogas.

★ **N 242:** Wo kommt unsere Energie letzten Endes her? Elektrische Energie aus der Steckdose kann ja z.B. aus chemischer Energie von Kohle stammen. Welche Primärenergieträger haben welche Anteile am gesamten Energieverbrauch in Deutschland?

★ **N 244:** Der gesamte Energieverbrauch in Deutschland fällt grob betrachtet auf die Bereiche Verkehr, Industrie, private Haushalte sowie Handel/Gewerbe/Dienstleistungen. Wie groß sind diese Anteile genauer?

★ **N 246:** Welche Anteile haben verschiedene Primärenergiequellen an der gesamten deutschen Stromproduktion? Wofür wird welcher Anteil der elektrischen Energie genutzt?

★ **N 248:** Woher kommt unser Öl? Wofür wird es verwendet? Woher kommt Kohle, woher Erdgas?

N 250: Referat-Vorschläge zu regenerativen Energien:

a) Wasserkraft
b) Windkraft
c) Gezeitenkraft
d) Bio-Diesel
e) Geothermie
f) Wärmepumpe
g) Photovoltaik
h) Sonnenkollektor
i) Brennstoffzelle
j) Wasserstoff
k) Synthetische Kraftstoffe

Entwertung

★ **N 300:** Bei Wärmepumpen bezieht man in den Wirkungsgrad nur die von der Pumpe umgesetzte Energie und die abgegebene Wärme mit ein, nicht jedoch die Wärme, die dem kälteren Reservoir entnommen wird. So gibt man ja die tatsächlichen Kosten (zum Betrieb der Pumpe) und Nutzen (in Form eines geheizten Hauses) wieder. Eine elektrisch betriebene Wärmepumpe habe nun einen Wirkungsgrad von 250% und gebe pro Sekunde 1500 J an Heizwärme ab. Wie viel Energie entnimmt sie pro Sekunde dem Erdreich, wie viel der Steckdose?

★ **N 302:** Nenne Vorgänge, die – von Reibung abgesehen – auch rückwärts ablaufen können!

★ **N 304:** Beschreibe, wie diese Vorgänge rückwärts ablaufen würden: (insbesondere mikroskopisch gesehen)

a) Abbremsen eines Fahrrades
b) Auflösen eines Salzkörnchens in Wasser
c) Verbrennen eines Holzstückes
d) Fall eines Knetklumpens auf die Erde
e) Leuchten einer Glühlampe

Wahrscheinlichkeit

★ **N 360:** In einem Aquarium schwimmen unabhängig voneinander sechs Fische, ohne irgendwelche Stellen im Aquarium zu bevorzugen.

a) Auf wie viele Arten können sich die Fische auf die beiden Hälften des Aquariums aufteilen?
b) Bei wie vielen Verteilungen befinden sich in jeder Hälfte drei Fische?
c) Wie wahrscheinlich ist es demnach, bei einem Blick ins Aquarium je drei Fische links und rechts zu sehen?
d) Wie wahrscheinlich halten sich alle Fische links auf?
e) Bringt man mit einem Tintentropfen Farbstoffmoleküle anstelle der Fische ins Wasser, beobachtet man bei diesen Molekülen weitaus unwahrscheinlicher als bei den Fischen eine Ansammlung aller Objekte in einer Hälfte des Aquariums. Woran liegt das?

★ **N 362:** Du bekommst eine Wette angeboten: Eine gewöhnliche Münze wird viermal geworfen. Du sollst darauf wetten, dass dabei einmal oder zweimal Kopf fällt, dein Gegner wettet auf keinmal, dreimal oder viermal. Wie stünden Deine Chancen?

Anzahl der Möglichkeiten, Portionen an Empfänger zu verteilen

Portionen	Zahl der Empfänger 2	3	4	5	6	7	8	9	10
1	2	3	4	5	6	7	8	9	10
2	3	6	10	15	21	28	36	45	55
3	4	10	20	35	56	84	120	165	220
4	5	15	35	70	126	210	330	495	715
5	6	21	56	126	252	462	792	1287	2002
6	7	28	84	210	462	924	1716	3003	5005
7	8	36	120	330	792	1716	3432	6435	11440
8	9	45	165	495	1287	3003	6435	12870	24310
9	10	55	220	715	2002	5005	11440	24310	48620
10	11	66	286	1001	3003	8008	19448	43758	92378
11	12	78	364	1365	4368	12376	31824	75582	167960
12	13	91	455	1820	6188	18564	50388	125970	293930
13	14	105	560	2380	8568	27132	77520	203490	497420
14	15	120	680	3060	11628	38760	116280	319770	817190
15	16	136	816	3876	15504	54264	170544	490314	1307504
16	17	153	969	4845	20349	74613	245157	735471	2042975
17	18	171	1140	5985	26334	100947	346104	1081575	3124550
18	19	190	1330	7315	33649	134596	480700	1562275	4686825
19	20	210	1540	8855	42504	177100	657800	2220075	6906900
20	21	231	1771	10626	53130	230230	888030	3108105	10015005

N 364: Liste alle Möglichkeiten auf, wie man 5 Cent an Deinen Physiklehrer, Deinen Mathematiklehrer und Dich selbst verteilen könnte!

★

N 366: Ein System aus 10 Teilchen enthalte zunächst eine Energieportion. Um welche Faktoren ändert sich die Anzahl an Aufteilungsmöglichkeiten mit jeder weiteren zugeführten Portion? (bis maximal 15 Portionen)

★

N 368: System A enthalte 7 Teilchen und 4 Energieportionen, System B enthalte 3 Teilchen und 2 Portionen. A und B seien zunächst getrennt.

a) Wie viele Energieaufteilungen gibt es insgesamt?

b) Die Systeme kommen nun in Kontakt und können Energieportionen austauschen. Welcher Zustand wird sich am wahrscheinlichsten einstellen?

★

N 370: System A enthalte 10 Teilchen mit 12 Energieportionen, System B 5 Teilchen mit 3 Energieportionen.

a) Wie viele Aufteilungsmöglichkeiten verliert System A, wenn es eine Energieportion abgibt?

b) Wie viele Möglichkeiten gewinnt System B, wenn es eine Portion aufnimmt?

c) Wie ändert sich die Zahl der Möglichkeiten im Gesamtsystem bei dieser Energieübertragung?

★★

N 372: Welches System ist heißer: System A aus 5 Teilchen mit 5 Energieportionen oder System B aus 10 Teilchen mit 10 Energieportionen?

N 374: Berechne, wenn möglich im Kopf:

$\log_3(9)$ $\log_2(128)$ $\lg(1000000)$ $\log_2(\frac{1}{8})$ $\log_4(20)$ $\ln(2)$ $\log_{11}(1)$

★★

N 376: Mit Entropie eng verwandt ist Information. Eine Nachricht hat einen Informationsgehalt von x bit, wenn sie aus einer Menge von 2^x möglichen Alternativen stammt. (Im Zweiersystem reichen nämlich x-stellige Zahlen gerade zur Numerierung von 2^x Alternativen.) Beispiel: Beim Ziehen einer Skat-Karte gibt es 32 Möglichkeiten. Also beträgt die Information, welche Karte gezogen wurde, genau 5 bit, denn $2^5 = 32$. Wie viel Information steckt demnach in der Antwort auf die Frage, ...

a) ... welches Geschlecht Du hast?

b) ... wer in Deutschland am ältesten ist?

c) ... welches Dein Lieblingsfach ist? (außer Physik ;-)

d) ... auf welcher Seite dieses Buches der letzte Hund sitzt?

★★

N 378: Eine 1000 K heiße große Eisenkugel kühlt an 300 K warmer Luft ab.

a) Die Eisenkugel gebe zunächst 1 J Wärme an die Luft ab, wodurch sich die Temperaturen nicht merklich ändern. Um wie viel ändert sich die Entropie des Gesamtsystems dabei?

b) Die Kugel gibt natürlich weitere Joule ab, wobei sie immer weiter abkühlt und die Luft sich erwärmt. Wie ändert sich der Betrag der Entropieänderung von Joule zu Joule?

★

N 380: Welche Aussagen treffen zu? Ein Wärmeübergang zwischen zwei Körpern hört auf, ...

- ☐ ... wenn beide Körper dieselbe Gesamtenergie besitzen.
- ☐ ... wenn beide Körper dieselbe Temperatur besitzen.
- ☐ ... wenn beide Körper dieselbe Entropie besitzen.
- ☐ ... wenn durch weiteren Wärmeübergang die Gesamt-Entropie nicht mehr wächst.

Elektronik

(E) Elektronik

Halbleiter

E 2: Ergänze folgenden Text:

Eine Lichterkette für Weihnachtsbäume ist im einfachsten Fall eine ____ *-schaltung von z.B. 10 Lämpchen. Schließt man diese Kette an 230 V an, so fällt über jedem Lämpchen dessen Betriebsspannung von* ____ *V ab. Leider erlischt jedoch die ganze Kette, wenn* ____ *.*

Abhilfe schafft man, indem man zu jedem Lämpchen einen Heißleiter ____ *schaltet, wie es folgender Schaltplan (– allerdings nur mit 8 Lämpchen –) zeigt.*

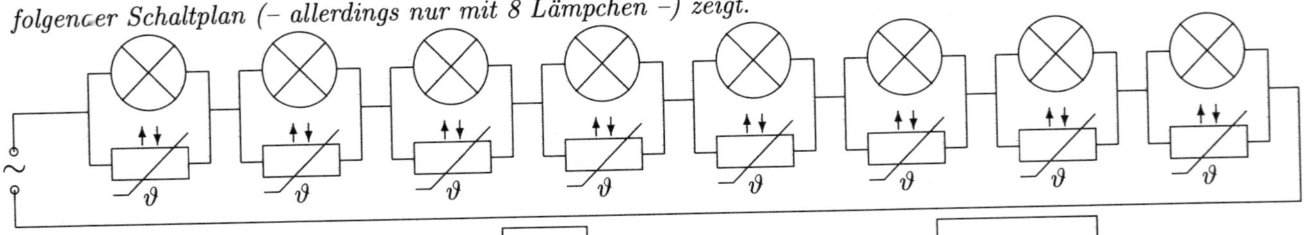

Im normalen Betrieb sind die Heißleiter ____ *und haben daher einen sehr* ____ *Widerstand, so dass nur ein* ____ *Strom durch sie fließt. Brennt ein Lämpchen durch, so kommt der Gesamtstrom zunächst zum Erliegen. Über dem Heißleiter des betroffenen Lämpchens fallen nun nicht mehr* ____ *V ab, sondern* ____ *V. Diese Spannung reicht aus, um einen nennenswerten* ____ *durch den* ____ *zu treiben, wodurch dieser sich* ____ *und seine Leitfähigkeit* ____ *. Bei richtiger Dimensionierung stellt sich dadurch wieder eine Gesamtstromstärke wie vor dem Defekt ein.*

★ **E 4:** Erkläre, wie man mit Hilfe einer Batterie, einer Serienschaltung aus einem NTC und einem ohmschen Widerstand, sowie einem passend umgeeichten Voltmeter Temperaturen messen kann!

E 6: Welches Licht würdest Du benutzen, um einen unbekannten Fotowiderstand leitfähig zu machen, rotes oder blaues?

E 8: Wovon hängt die Leitfähigkeit eines Materials ab?

E 10: Was sind Leitungs- und Valenzelektronen?

E 12: Wie und warum ändert sich die Leitfähigkeit von a) Silber b) Silizium beim Erwärmen?

E 14: Unter welcher Bedingung trägt das Valenzband zur Leitfähigkeit bei?

E 16: Fragen über p: a) Wie funktioniert p-Leitung? b) Was ist p-Dotierung?

E 18: Ist zur Rekombination Energie nötig oder wird dabei Energie frei?
Wo könnte man im Bänder-Bild eines Halbleiters die Rekombinationsenergie einzeichnen?

E 20: Ein Transformator zur Versorgung einer Schaltung mit einem Photowiderstand spanne unsere Netzspannung von 230 V auf 11,5 V herab. In der angeschlossenen Schaltung fließe ein Gesamtstrom von 30 mA. Wie viel Strom fließt primärseitig mindestens?

E 80: Zwei-Phasen-Gleichrichtung gelingt mit der „Graetz'schen Vollwegschaltung“, die hier am Rand gezeichnet ist. Bei Anschluss einer Wechselspannung an die beiden dicken Punkte links und rechts fließt durch den Verbraucher in der Mitte der Strom immer in derselben Richtung. Zeichne für jede der beiden möglichen Polungen den Stromverlauf in einer eigenen Farbe mit Pfeilchen dazu!

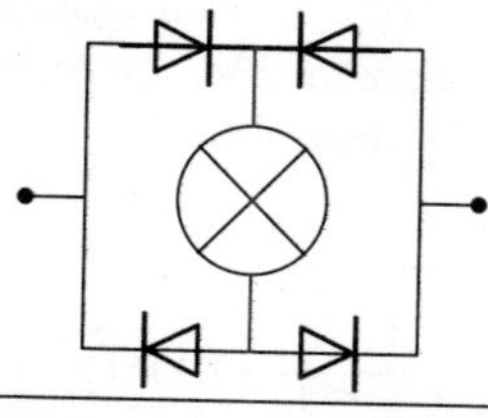

★

E 82: Das folgende Diagramm zeigt eine sinusförmige Wechselspannung als angelegte Gesamtspannung U über einer Serienschaltung aus einer Diode D und einem Schutzwiderstand R. Zeichne qualitativ richtig dazu, wie sich die Spannung U_D über der Diode mit der Zeit ändert! Zeichne auch die Spannung U_R über dem Widerstand dazu! Diese U_R-Kurve gibt der Form nach auch den Verlauf der Stromstärke wieder.

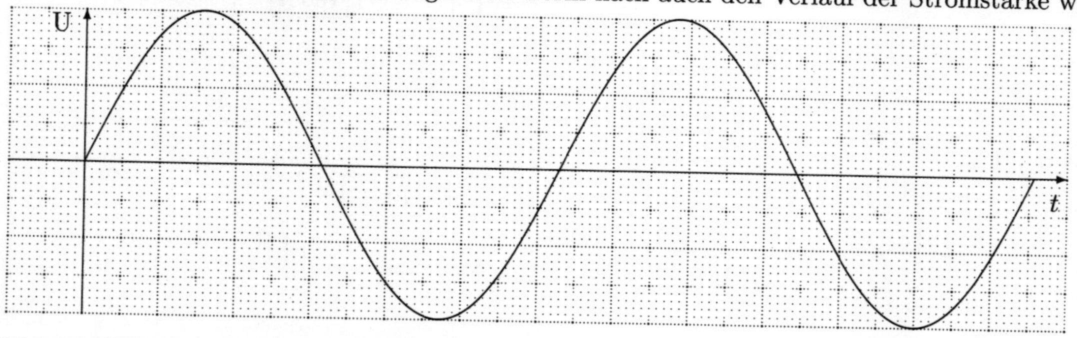

E 84: Einige Fragen zu Halbleiterdioden

a) Wird ein Halbleiter durch n-Dotieren elektrisch aufgeladen?

b) Warum brauchen Dioden meist Schutzwiderstände?

c) Wie entsteht in einer unbeschalteten Diode ein elektrisches Feld?

d) Bei welchen Dioden gibt es einen nennenswerten Sperrstrom?

e) Was hat die Rekombinationsenergie mit der Schwellenspannung zu tun?

★

E 86: Entwirf eine mit Wechselspannung betriebene Schaltung mit einer roten, einer gelben und einer grünen Leuchtdiode, von denen die rote bei jedem Vorzeichen der Wechselspannung leuchtet, die gelbe nur bei einem Vorzeichen und die grüne nur bei dem anderen Vorzeichen! Die Schaltung sollte auch einen Schutzwiderstand für alle Dioden enthalten.

E 88: Eine Leuchtdiode mit einer Schwellenspannung von 3,5 V soll mit Hilfe von 3 Monozellen (à 1,5 V) und einem geeigneten Schutzwiderstand mit 20 mA betrieben werden. Berechne den erforderlichen Schutzwiderstand!

★

E 90: Eine grüne Leuchtdiode hat eine Schwellenspannung von 2,3 V und darf höchstens von 20 mA durchflossen werden. In dem Gerät, dessen Betriebsbereitschaft sie anzeigen soll, steht zu ihrer Versorgung nur eine 9 V-Batterie zur Verfügung.

a) Zeichne einen Schaltplan, wie die Diode mit einem Schutzwiderstand gefahrlos eingebaut werden kann!

b) Berechne den kleinstmöglichen Schutzwiderstand!

c) Wie viel Spannung liegt bei falscher Polung der Batterie an der Diode an und wie viel am Schutzwiderstand?

★★

E 92: Diskutiere diese Schaltung!
Bei welchen Schalterstellungen und welcher Polung der Wechselspannung leuchtet welches Lämpchen wie hell?
Worauf würdest Du bei der Auswahl der Bauteile für diese Schaltung achten?

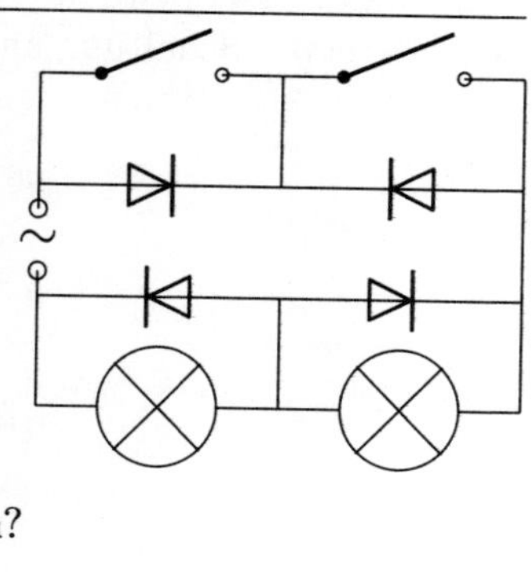

★

E 94: Gegeben sei diese Schaltung aus einer 12 V-Batterie, zwei 12 V-Lämpchen, zwei Schaltern und einer roten Leuchtdiode.

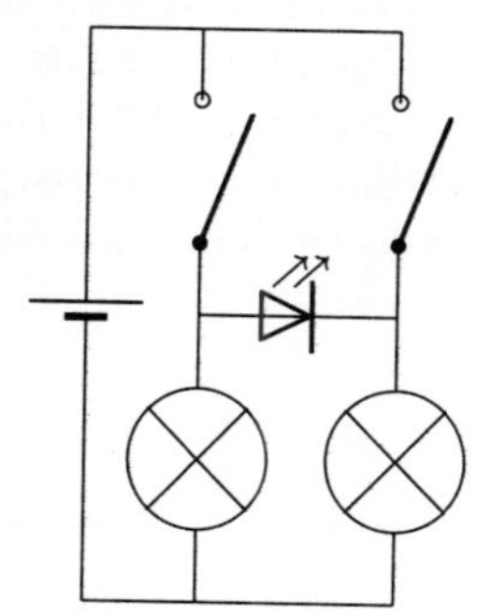

Beschreibe, wie hell die drei Leuchtmittel leuchten,

a) wenn nur der linke Schalter geschlossen ist!

b) wenn nur der rechte Schalter geschlossen ist!

c) wenn beide Schalter geschlossen sind!

★
E 96 In den folgenden Schaltungen geben alle Batterien 5 V ab, und alle Dioden haben eine Schwellenspannung von 2 V. Berechne für jedes (Verbraucher-)Bauteil, wie viel Strom es durchfließt und welche Spannung über ihm abfällt!

a)
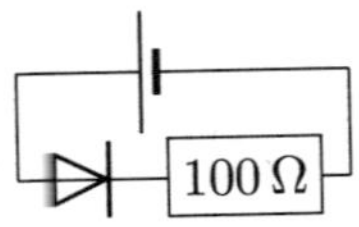

b)
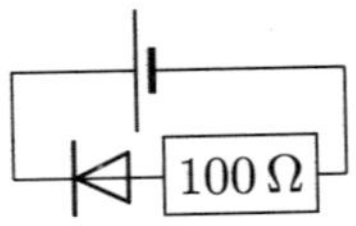

c)
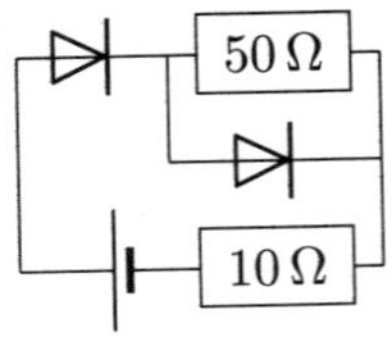

★
E 98 Die folgenden Schaltungen werden an 5 V angeschlossen, die Dioden haben eine Schwellenspannung von 0,6 V. Berechne die Stromstärken durch die Dioden!

a)
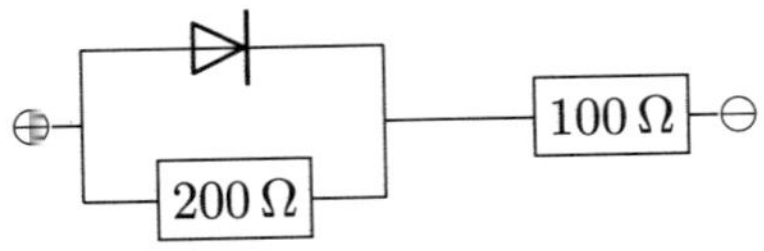

b)
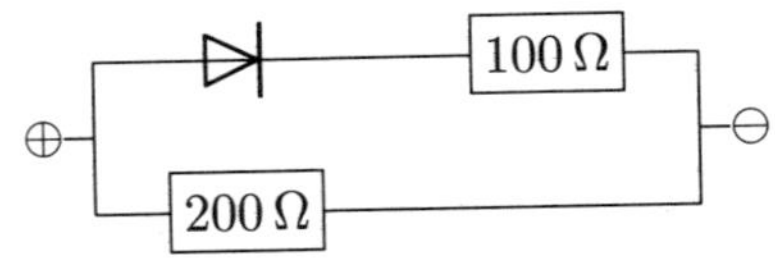

★
E 100: Wie Aufgabe E98

a)
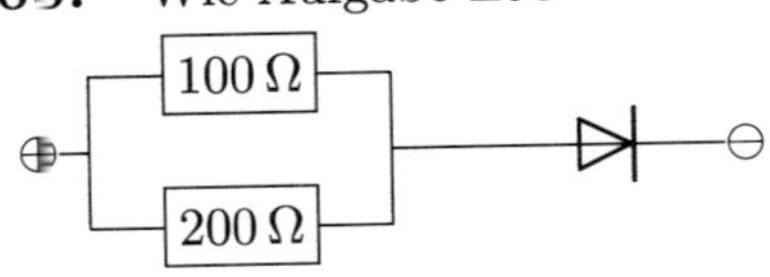

b)
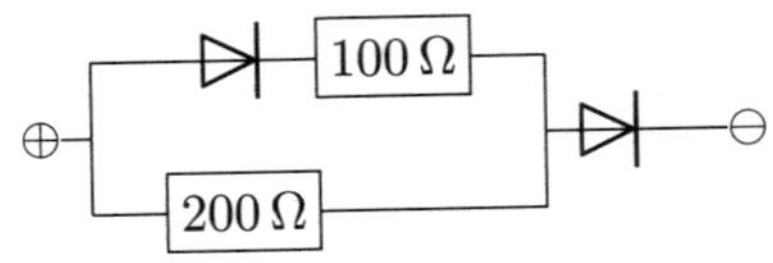

★
E 102: Wie Aufgabe E98

a)
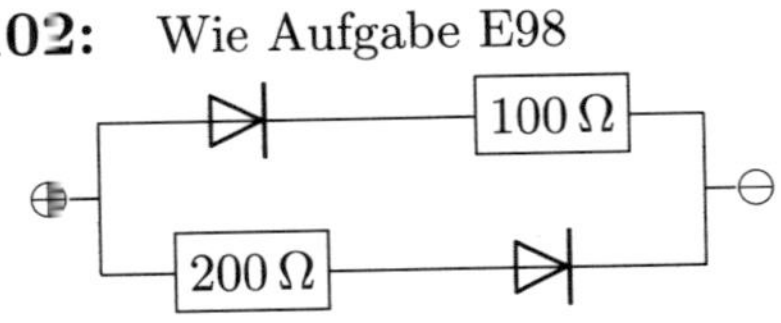

b)
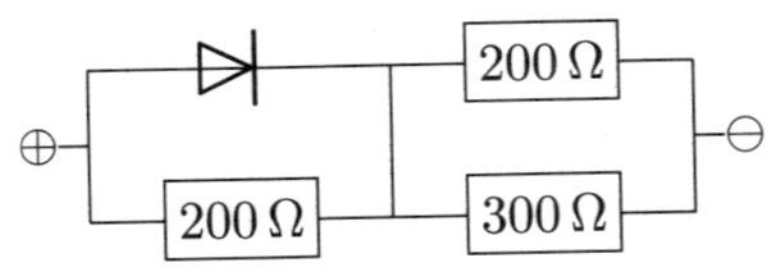

★
E 104: Wie Aufgabe E98

a)
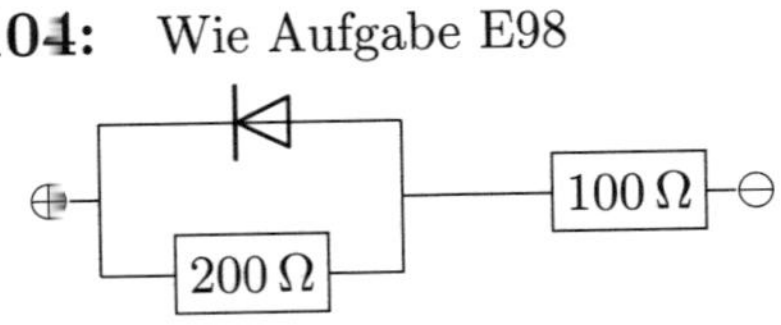

b)
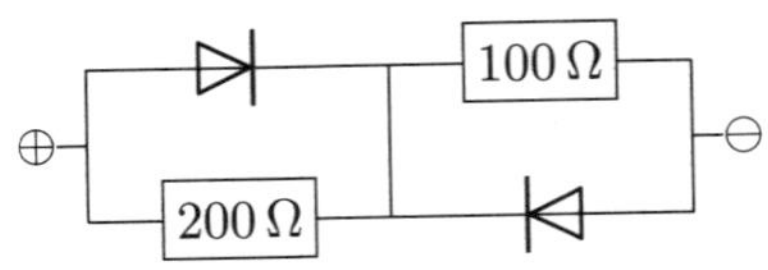

★★
E 106: Flora ist wieder da! Sie möchte sich eine Schaltung aufbauen, mit der sie testen kann, ob Dioden noch leitfähig sind. Sie geht davon aus, dass die zu testenden Dioden Schwellenspannungen zwischen 0,2 V und 3 V haben, und dass sie sicher einen Strom von 20 mA aushalten. Bei intakter Diode soll eine Leuchtdiode mit Schwellenspannung 2,3 V aufleuchten.

a) Entwirf eine geeignete Schaltung mit Spezifikation der Bauteile!

b) In welcher Farbe leuchtet die LED auf?

c) Ändere die Testschaltung so ab, dass bei fehlender oder nicht-leitender Test-Diode mindestens eine LED anderer Farbe leuchtet!

★★
E 108: Flora möchte dieses Mal einen Gleichstrom-Motor betreiben, der zwar nicht viel Strom, aber als Versorgungsspannung ziemlich *genau* 1,3 V benötigt. Leider steht ihr (in Form ihres Hamsters in einem Laufrad mit angeschlossenem Dynamo) nur eine Spannungsquelle zur Verfügung, die recht stark zwischen 2 V und 5 V schwankt. Da die benötigte Spannung etwa das Doppelte der Schwellenspannung einer Silizium-Diode ist, weiß Flora sich natürlich mit einer geeigneten Schaltung aus einem ohmschen Widerstand und zwei Silizium-Dioden zu helfen. Wie?

Transistoren

E 160: Bei einem Transistor ist als Stromverstärkungsfaktor bei bestimmter Kollektor-Emitter-Spannung 270 angegeben. In welchem Bereich müsste dann der Basisstrom schwanken, um den Kollektorstrom zwischen 50 mA und 80 mA schwanken zu lassen?

E 162: Mit welchem Faktor verstärkt ein Bauteil, das in einem linearen Bereich seiner Kennlinie bei Eingangsspannungen von 3 mV und 5,4 mV an seinem Ausgang 185 mV bzw. 593 mV produziert?

★

E 164: Ein Motor mit einem Betriebsstrom von 400 mA soll per PC ein- und ausgeschaltet werden. Per Software kann man zwar z.B. zwischen den Pins Nummer 4 und 5 der 9poligen seriellen Schnittstelle eine Spannung ein- und ausschalten, aber die Schnittstellen eines PC können keine für den Motor ausreichend großen Ströme liefern. Zeichne eine Transistor-Schaltung, die dieses Problem löst!

★★

E 166: Flora hat mittlerweile die FLORATRONIC-SOLUTIONS GMBH gegründet. Ihr erster Auftrag war der Entwurf einer Schaltung mit Transistor und geeigneten Halbleiter- oder anderen Bauteilen, in der bei einer Heizung die Leistung erhöht wird, wenn an einem Messfühler die Temperatur fällt! Wie hat sie das wohl hingekriegt?

★★

E 168: Neuer Auftrag an FLORATRONIC-SOLUTIONS:
Der Ventilator in einem Klassenarbeitsraum soll mehr Strom bekommen, wenn der von der Decke herabhängende Messfühler über dem Kopf eines durchschnittlich begabten Schülers erhöhte Temperatur registriert.

★★

E 170: Beim Überschreiten eines gewissen Wasserstandes in einem Behälter (erkennbar an Befeuchtung eines Sensors oder Druckanstieg am Boden) schaltet die richtige Schaltung eine Pumpe ein.

Ihnen steht das Wasser bis zum Hals?
FLORATRONIC-SOLUTIONS *hilft!*

★★

E 172: Flora hat auch eine Bank als Kunden, die eine Schaltung benötigt, in der ...

a) ... eine Glühlampe am Geldautomaten eingeschaltet wird / heller leuchtet, wenn es dunkel wird!

b) ... eine Alarmsirene eingeschaltet wird, wenn Licht in den Tresorraum der Bank fällt!

Digitalelektronik

E 220: Zur Darstellung kleiner Schwarz-Weiß-Bildchen sei vereinbart, das Bildchen in 8-spaltige Zeilen zu rastern, wobei jeder Rasterpunkt (Pixel) weiß oder schwarz sein kann.

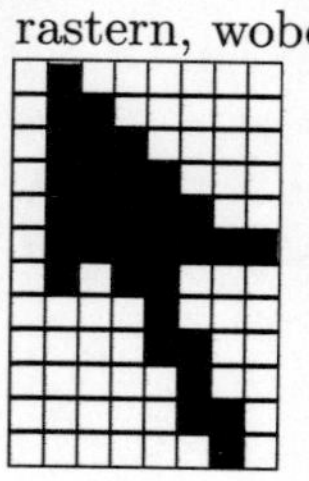

→ 0 1 0 0 0 0 0 0 = 64
→ 0 1 1 0 0 0 0 0 = 96
→ 0 1 1 1 0 0 0 0 = 112
→ 0 1 1 1 1 0 0 0 = 120
→ 0 1 1 1 1 1 0 0 = 124
→ 0 1 1 1 1 1 1 1 = 127
→ 0 1 0 1 1 0 0 0 = 88
→ 0 0 0 0 1 0 0 0 = 8
→ 0 0 0 0 1 1 0 0 = 12
→ 0 0 0 0 0 1 0 0 = 4
→ 0 0 0 0 0 1 1 0 = 6
→ 0 0 0 0 0 0 1 0 = 2

Weiß werde als 0, schwarz als 1 codiert. Jede Bildzeile wird so als 8-stellige Dualzahl dargestellt. Das Bild eines Pfeils kann also über die Zahlenfolge in der Spalte direkt vor diesem Text beschrieben werden.

a) Was stellt 66 - 98 - 82 - 74 - 255 - 74 - 82 - 98 - 66 dar?

b) Codiere ebenso ein maximal 15-zeiliges Bildchen Deiner Wahl, und lass es Deinen Banknachbarn decodieren!

E 222: Was ist „ASCII"? Decodiere damit diese Zahlenfolge! 68 - 97 - 115 - 32 - 104 - 97 - 115 - 116 - 32 - 68 - 117 - 32 - 103 - 117 - 116 - 32 - 103 - 101 - 109 - 97 - 99 - 104 - 116 - 33

★

E 224:

Welche logischen Verknüpfungen leisten diese Gatter?

a)
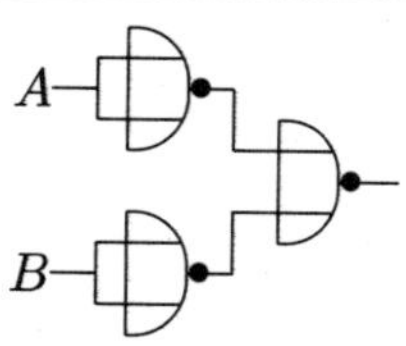

b)
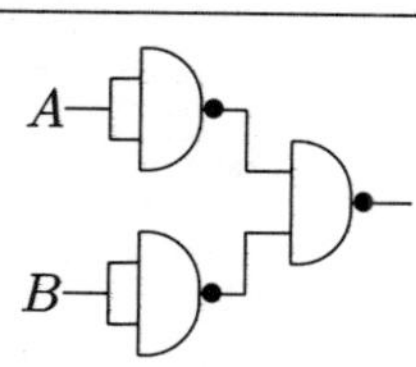

★★

E 226: Entwirf eine XOR-Schaltung (aus Gattern)!

★

E 228: Berechne schriftlich im Dualsystem!

110100 + 11101   110101 − 11010   1011 · 110

★★

E 230: Zu welchem Wert kommt man, wenn man für eine feste Zahl $B \in]0;1[$ und mit einem beliebigem Startwert $x \in]0;1[$ immer wieder $y = x + B - x^2$ berechnet und x durch y ersetzt?

★★

E 232: Zum Speichern von Daten eignet sich unter anderen diese Schaltung. Erkläre detailliert, wie es zu dem folgend beschriebenen Verhalten kommt!

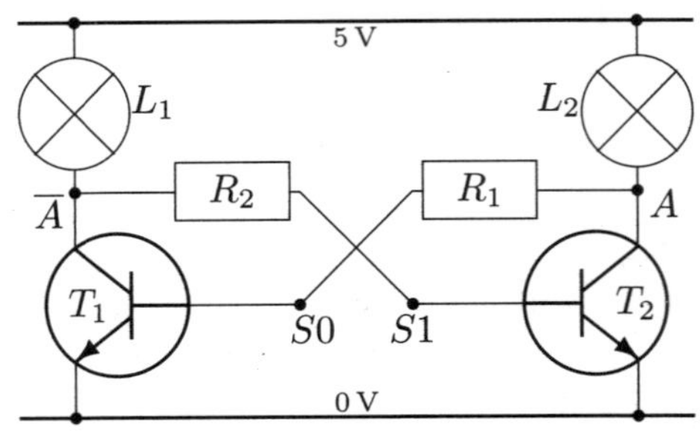

Bringt man einmal kurz den Punkt S_0 (S_1) auf low-Potenzial, (durch Verbindung mit der unteren Schiene) so stellt sich dauerhaft im Punkt A ein low- (high-) Potenzial ein. Ein kurzer „low-Puls" auf S_0 oder S_1 setzt A also auf „0" bzw. „1".

★★

E 234: Gleiches Verhalten zeigt auch die logische Schaltung hier. →
(S steht für *set*, R für *reset*.) Erkläre!

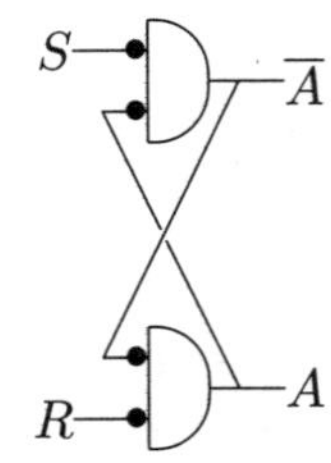

★

E 236: Die ersten IBM-PCs hatten 20 Adress-Leitungen.
Wie viele Speicherzellen konnten damit adressiert werden?

★

E 238: Die RS-Flipflops Ⓐ bis Ⓓ seien so an die Bus-Leitungen L0 bis L3 angeschlossen, wie hier gezeichnet. Was bewirkt es, folgende Pegel-Kombinationen ($L0|L1|L2|L3$) auf diese Leitungen zu legen?

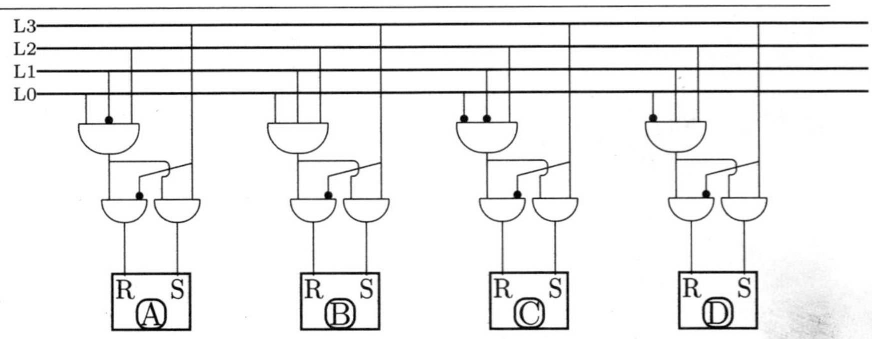

a) (0|1|1|1)

b) (0|0|1|0)

c) (1|1|0|1)